Name: Datum:

Zahlenketten

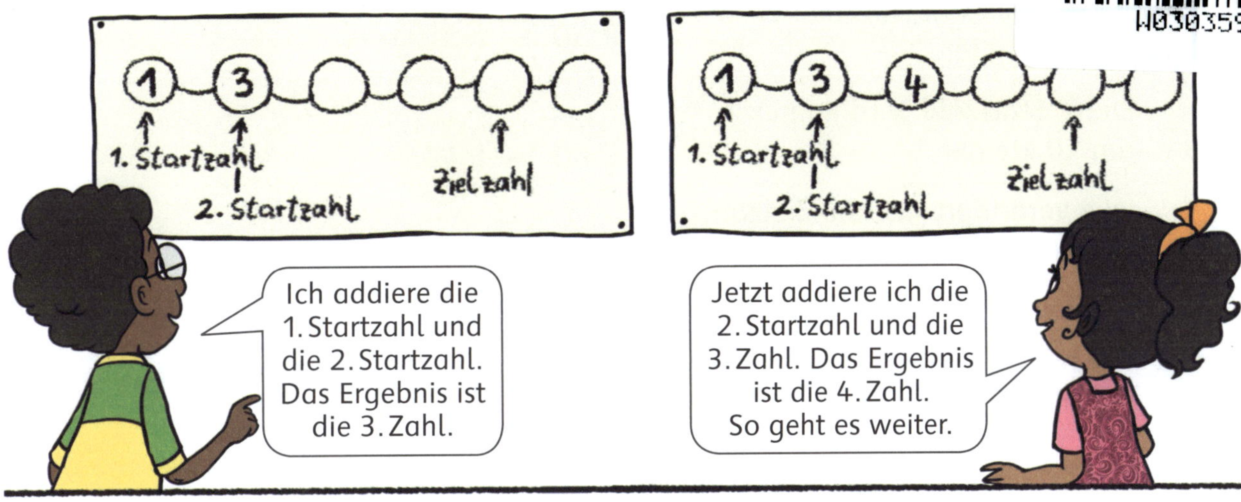

① Rechne die Zahlenketten.

a)	42	21				
b)	53	18				
c)	110	71				

② Finde die 2. Startzahl. Rechne die Zahlenketten.

a)	40		170			
b)	120		230			
c)	90		160			

③ Rechne die Zahlenketten.

a)					400	650
b)					177	276
c)					653	1000

▸ SB 6/7

Name: Datum:

Zahlenketten

① a) Die 1. Startzahl wird immer um 10 größer.

Die 2. Startzahl wird immer um 10 kleiner.

Wie verändert sich die Zielzahl? Begründe.

Tipp: Markiere, was sich bei der 3. und 4. Zahl verändert.

50	50			
60	40			
70	30			

Die Zielzahl wird immer um ______ kleiner, weil ____________________

____

b) Die 1. Startzahl wird immer um 10 kleiner.

Die 2. Startzahl wird immer um 10 größer.

Wie verändert sich die Zielzahl? Begründe.

50	50			
40	60			
30	70			

____

____

____

② Finde verschiedene Zahlenketten mit der Zielzahl 750.

a)						750
b)						750
c)						750
d)						750
e)						750

► SB 6/7

Name: Datum:

Halbschriftliches Multiplizieren

① Rechne die Malsterne.
Multipliziere dann die Zahlen in den gegenüberliegenden Zacken.

a)

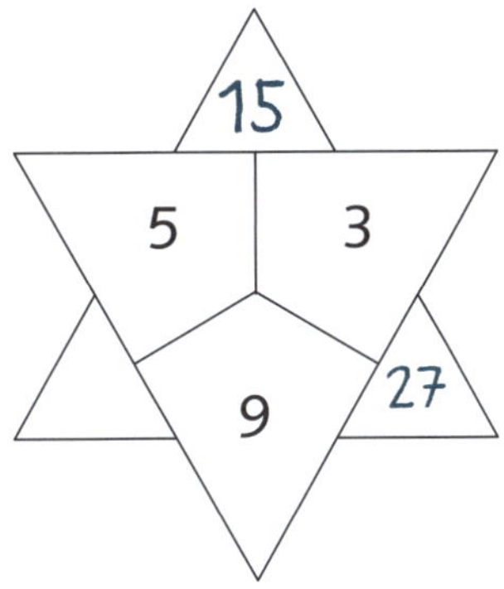

9 · 15 =

5 · 27 =

· =

b)

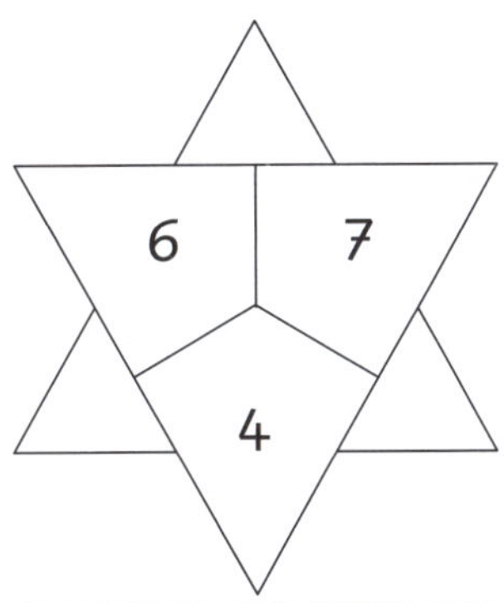

c)

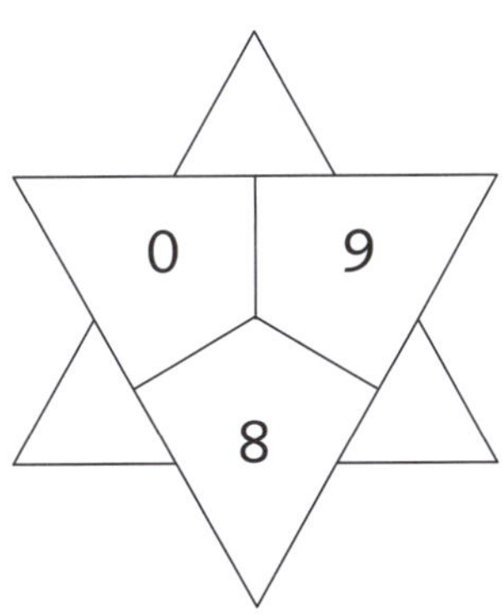

► SB 15

Name: Datum:

Halbschriftliches Multiplizieren

1 Fülle den Malstern aus.

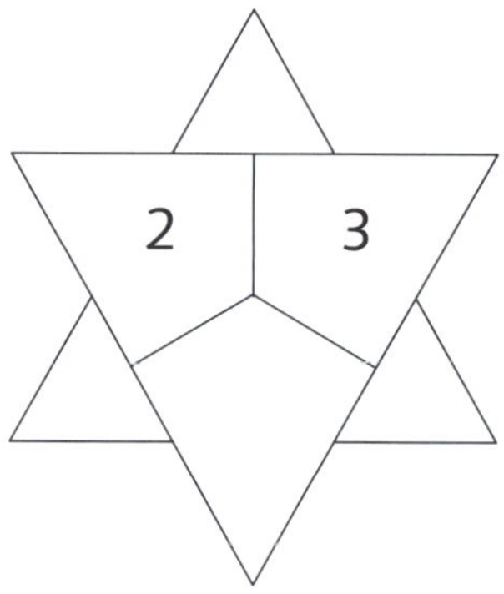

a) Wenn du die Zahlen in den gegenüberliegenden Zacken multiplizierst, erhältst du 30.

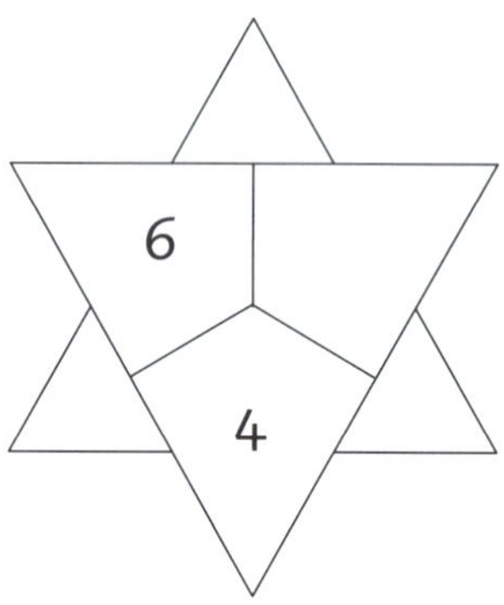

b) Wenn du die Zahlen in den gegenüberliegenden Zacken multiplizierst, erhältst du 72.

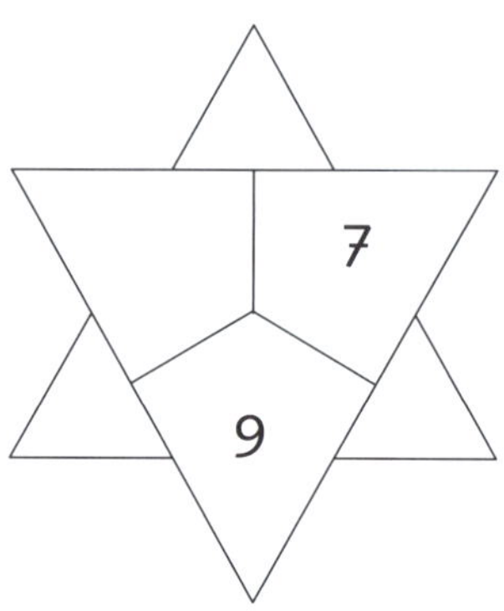

c) Wenn du die Zahlen in den gegenüberliegenden Zacken multiplizierst, erhältst du 441.

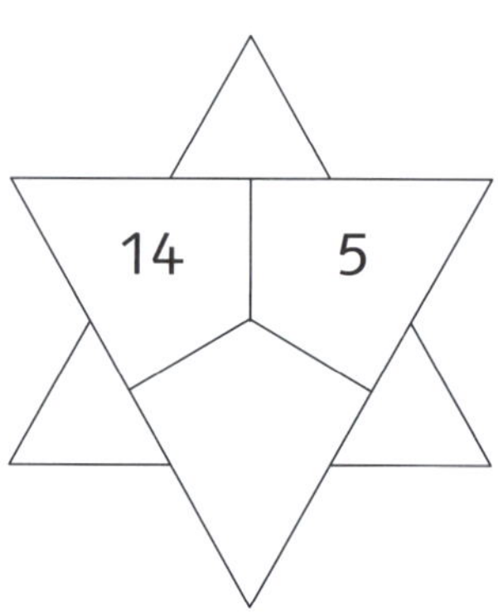

d) Wenn du die Zahlen in den gegenüberliegenden Zacken multiplizierst, erhältst du 560.

▸SB 15

Name: Datum:

Halbschriftliches Dividieren

① Setze fort und rechne.

a)	b)	c)
50 : 5 = ___	80 : 8 = ___	90 : 9 = ___
55 : 5 = ___	88 : 8 = ___	99 : 9 = ___
60 : 5 = ___	96 : 8 = ___	___ : 9 = ___
65 : 5 = ___	___ : 8 = ___	___ : 9 = ___
70 : 5 = ___	___ : 8 = ___	___ : 9 = ___
___ : 5 = ___	___ : 8 = ___	___ : 9 = ___
___ : 5 = ___	___ : 8 = ___	___ : 9 = ___
___ : 5 = ___	___ : 8 = ___	___ : 9 = ___

② Setze fort und rechne.

a)	b)	c)
320 : 4 = ___	360 : 6 = ___	630 : 7 = ___
324 : 4 = ___	366 : 6 = ___	637 : 7 = ___
328 : 4 = ___	372 : 6 = ___	644 : 7 = ___
332 : 4 = ___	378 : 6 = ___	___ : 7 = ___
___ : 4 = ___	___ : 6 = ___	___ : 7 = ___
___ : 4 = ___	___ : 6 = ___	___ : 7 = ___

③ Rechne die Aufgabenkette.

a) [720] —: 6→ [ ] —: 3→ [ ]

b) [288] —: 6→ [ ] —: 4→ [ ]

c) [672] —: 8→ [ ] —: 6→ [ ]

▸SB 15

Name: Datum:

Halbschriftliches Dividieren

1 Rechne die Aufgabenkette.

a) 756 —: 2→ ___ —: 3→ ___ —: 6→ ___ —: 3→ ___

b) 896 —: 4→ ___ —: 7→ ___ —: 4→ ___ —: 8→ ___

2 Fülle die Aufgabenkette aus und rechne.

a) Dividiere 320 durch 8. Das Ergebnis dividiere durch 5 und multipliziere dann mit 9. Addiere zum Schluss 28.

320 → ___ → ___ → ___ → ___

b) Multipliziere 28 mit 5. Das Ergebnis dividiere durch 7 und multipliziere dann mit 6. Subtrahiere zum Schluss 20.

28 → ___ → ___ → ___ → ___

3 Löse die Aufgabenkette.
Verwende die Rechenzeichen ⊙, ⊘ (:), ⊕ und ⊖.

480 → ___ → ___ → ___ → 200

► SB 15

Name: Datum:

Sachrechnen: Texte – Fragen – Skizzen

Seit letztem Jahr sammelt Mehmet Euro-Münzen aus verschiedenen Ländern. In diesem Jahr hat er doppelt so viele Münzen gesammelt wie im letzten Jahr. Insgesamt zählt Mehmet 327 Münzen.

① Welche Fragen kannst du beantworten? Kreuze an.

- ☐ Was sammelt Mehmet?
- ☐ Wie viele Münzen hat Mehmet letztes Jahr gesammelt?
- ☐ Wie viele Euro-Münzen aus Italien hat Mehmet gesammelt?
- ☐ Wie viele Münzen hat Mehmet insgesamt gesammelt?
- ☐ Wie viele Münzen hat Mehmet dieses Jahr gesammelt?

② Welche Skizze passt zur Frage „Wie viele Münzen hat Mehmet letztes Jahr gesammelt?" Kreuze an.

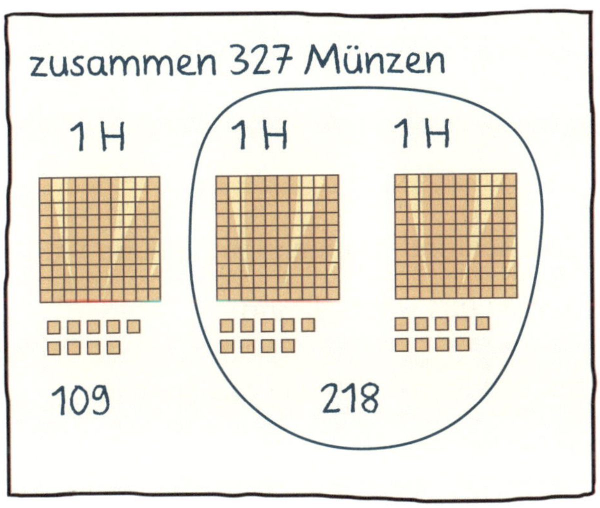

☐

☐

③ Ergänze die Antworten.

Mehmet hat im letzten Jahr ________ Münzen gesammelt.

Mehmet hat in diesem Jahr ________ Münzen gesammelt.

▸SB 16/17

Name: Datum:

Sachrechnen: Texte – Fragen – Skizzen

Seit letztem Jahr sammelt Mehmet Euro-Münzen aus verschiedenen Ländern.
In diesem Jahr hat er dreimal so viele Münzen gesammelt wie im letzten Jahr.
Insgesamt zählt Mehmet 436 Münzen.

1 Wie viele Münzen hat Mehmet letztes Jahr gesammelt?

2 Mehmets Euro-Münzen kommen aus Deutschland, Italien, Spanien und Frankreich.

- Die Hälfte von Mehmets Euro-Münzen ist aus Deutschland.
- 8 Münzen sind aus Italien.
- Mehmet hat doppelt so viele Münzen aus Frankreich wie aus Spanien.

Wie viel Euro-Münzen hat Mehmet aus jedem Land?

▸SB 16/17

Name: Datum:

Die Zahlen bis 1 000 000

① Ergänze.

Ein Zehner hat ________ Einer.

Ein Hunderter hat ________ Zehner.

Ein Tausender hat ________ Hunderter.

Ein Zehntausender hat ________ Tausender.

Ein Hunderttausender hat ________ Zehntausender.

Eine Million hat ________ Hunderttausender.

②

1 Z = 10

1 M = ________________

1 HT = ________________

1 T = ________________

1 ZT = ________________

1 H = ________________

1 E = ________________

③

1 T = ________________ H

1 H = ________________ Z

1 M = ________________ HT

1 Z = ________________ E

1 HT = ________________ ZT

1 ZT = ________________ T

④ Verbinde.

Ein Tausender hat …

Ein Hunderttausender hat …

zehn Hunderter.

hundert Tausender.

zehn Zehntausender.

hundert Zehner.

tausend Hunderter.

▸ SB 19

Name: ______________________ Datum: ______________________

Die Zahlen bis 1 000 000

① Ergänze.

Ein Hunderter hat ________ Einer.

Ein Zehntausender hat ________ Hunderter.

Ein Tausender hat ________ Zehner.

Ein Zehntausender hat ________ Zehner.

Ein Hunderttausender hat ________ Hunderter.

Eine Million hat ________ Zehner.

Eine Million hat ________ Zehntausender.

Eine Million hat ________ Einer.

Eine Million hat ________ Hunderter.

Eine Million hat ________ Tausender.

Eine Million hat ________ Hunderttausender.

---

②

1 T = ________ E

1 ZT = ________ Z

1 M = ________ ZT

1 ZT = ________ H

1 HT = ________ T

1 ZT = ________ E

---

③

20 Z = 200

50 Z = ________

60 HT = ________

30 T = ________

600 H = ________

250 H = ________

10 ZT = ________

400 T = ________

700 ZT = ________

300 Z = ________

370 H = ________

50 ZT = ________

40 H = ________

90 Z = ________

70 H = ________

100 T = ________

450 Z = ________

90 HT = ________

500 Z = ________

110 HT = ________

180 T = ________

870 Z = ________

► SB 19

Name: Datum:

Zehntausender, Hunderttausender und eine Million

① Schreibe die Zahl.

a) 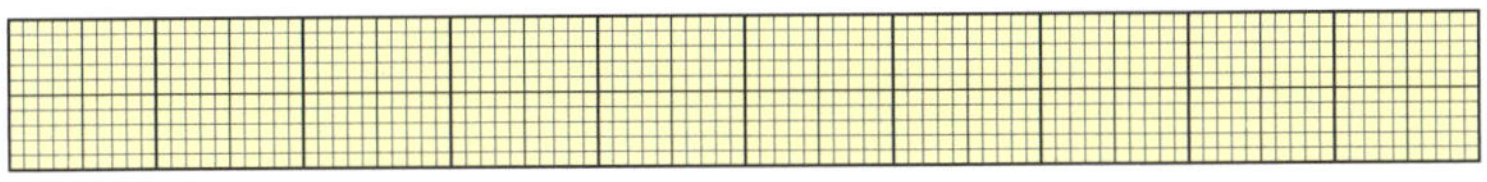 ____________

b) 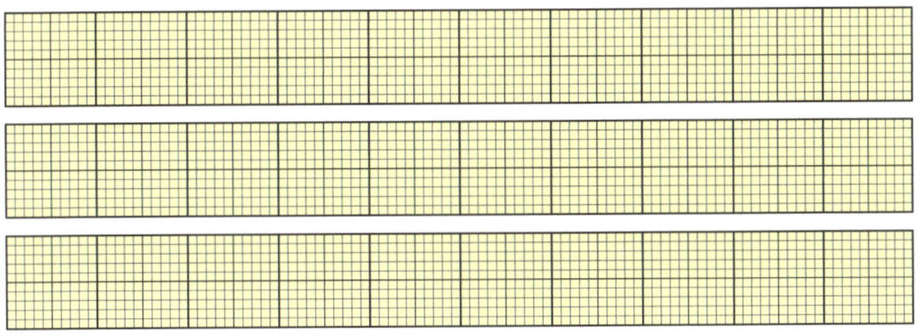 ____________

c) 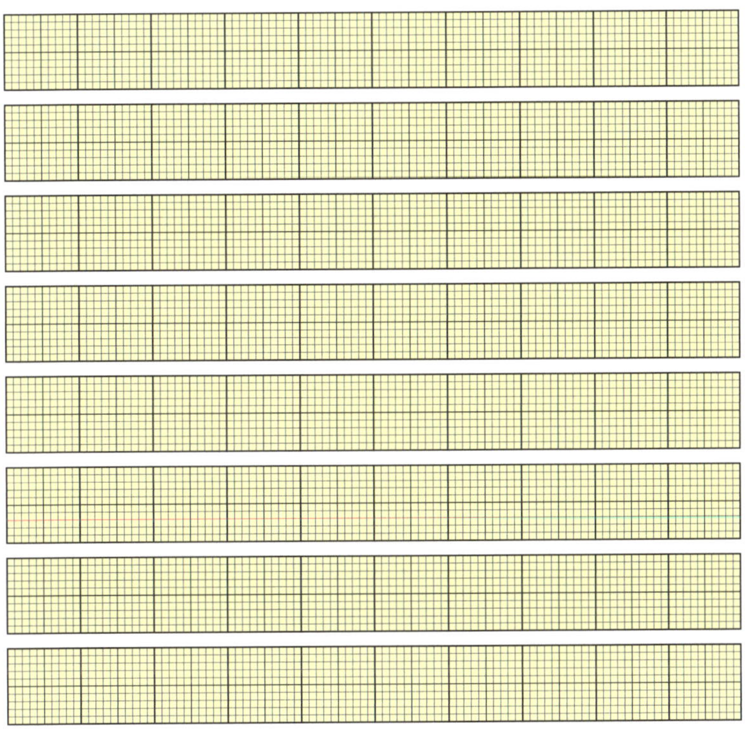 ____________

d) 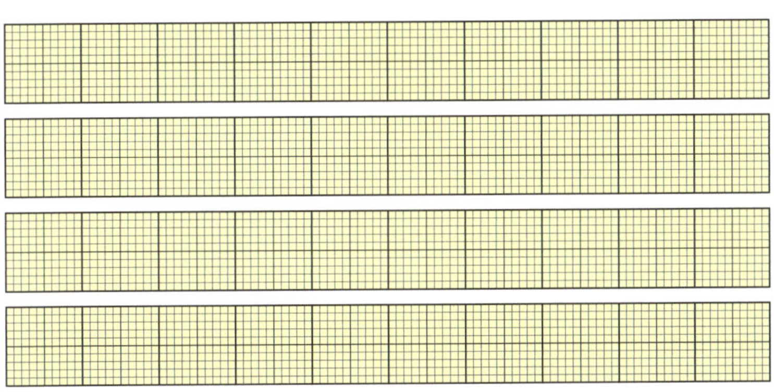 ____________

e) 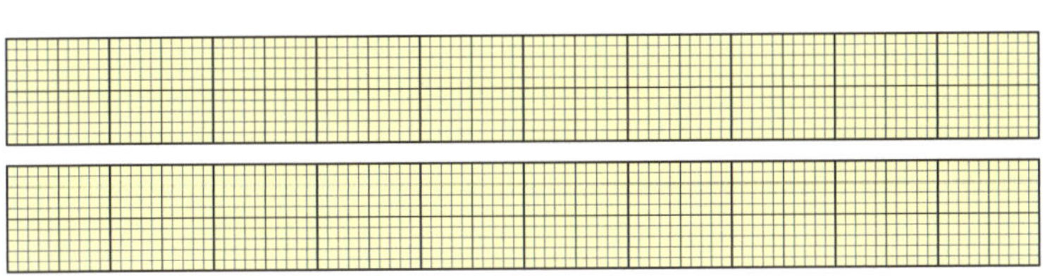 ____________

►SB 20

Name: Datum:

Zehntausender, Hunderttausender und eine Million

① Schreibe die Zahl.

a)

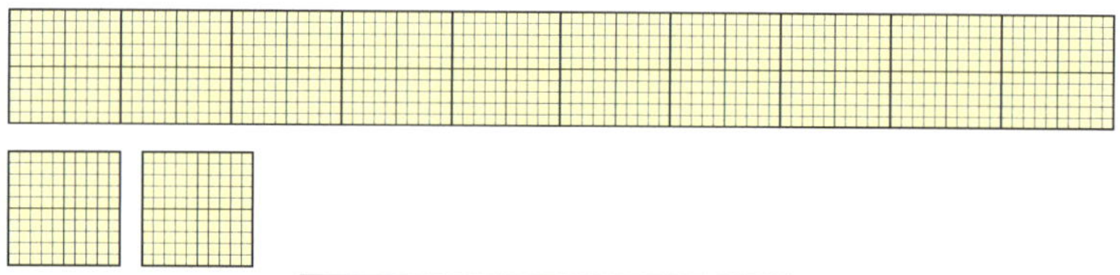

____

b)

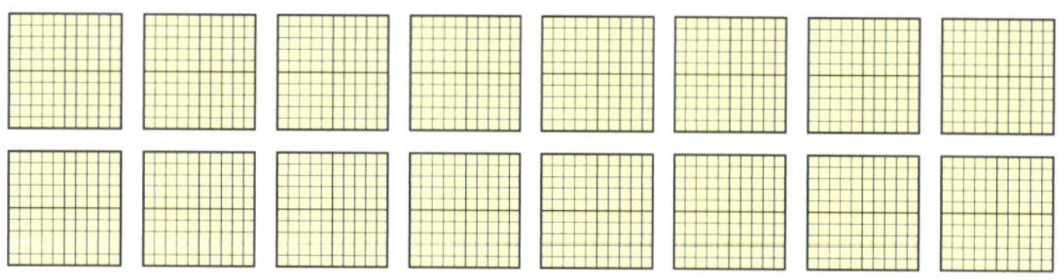

____

c)

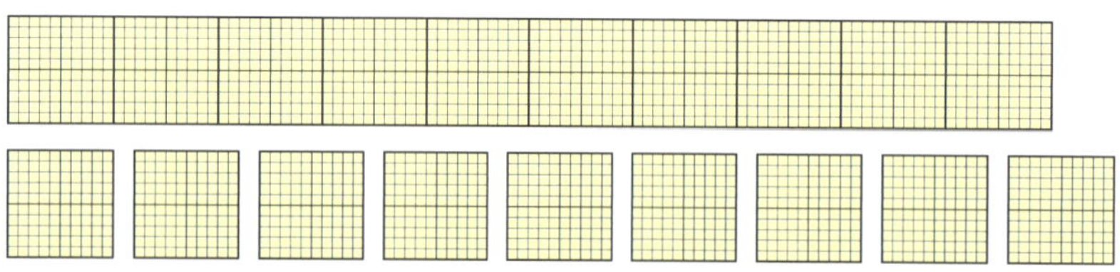

____

d)

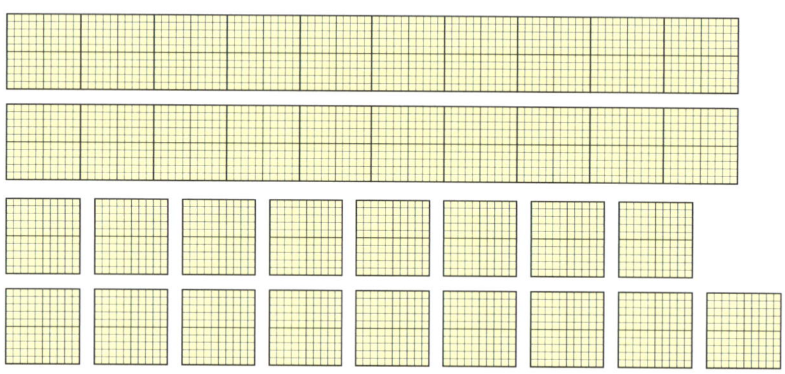

____

e)

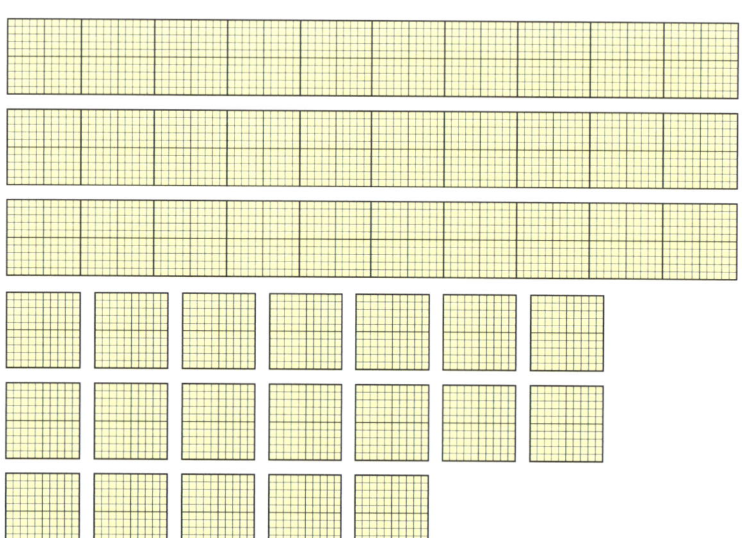

____

► SB 20

Name: Datum:

Die Stellenwerttafel

① Wie heißt die Zahl?

	M	HT	ZT	T	H	Z	E	
a)			■■	■■■				______
b)			■	■■■■■				______
c)		■■■■■■■■	■■■■■■■■■	■■■■■				______
d)			■	■■				______
e)			■■■■■■■					______
f)			■■■■■	■■■■				______

② Schreibe die Zahl in die Stellenwerttafel.

	M	HT	ZT	T	H	Z	E
a) 42 580							
b) 2 379							
c) 231 287							
d) 90 000							
e) 7 HT 4 ZT 6 H							
f) 8 T 6 H 3 Z							
g) 7 ZT 5 Z							
h) 1 H 5 ZT 2 T							

③ Lege mit fünf Plättchen verschiedene Zahlen und male sie in die Stellenwerttafel.

	M	HT	ZT	T	H	Z	E
a)							
b)							
c)							
d)							

④ Schreibe die Plusaufgabe zu deinen Zahlen aus Aufgabe ③.

a) ______________________

b) ______________________

c) ______________________

d) ______________________

► SB 22/23

Name: Datum:

Die Stellenwerttafel

① Wie heißt die Zahl?

	M	HT	ZT	T	H	Z	E	
a)		■■■■	■■■■■■■■■■	■■■■■	■■■■■■	■■■■■■■■■■	■■■■	______
b)				■■■■■	■■■■	■■■■■■■	■	______
c)		■■■■	■■■■■	■■■■■				______
d)			■■■■■■■	■■■■■■■	■■■■■■	■■■	■	______
e)			■■■■■		■■	■■■■■■		______
f)			■■■■■			■■■■■■■	■	______
g)	■	■■	■	■■■■■■■■■■		■	■■	______

② Schreibe die Plusaufgabe zu den Zahlen aus Aufgabe ①.

a) ______

b) ______

c) ______

d) ______

e) ______

f) ______

g) ______

③ Schreibe die Plusaufgabe zu den Zahlen.

a) 5 T 2 HT 1 E ______

b) 23 T 14 HT 87 Z ______

c) 120 T 80 H ______

d) 1 H 5 ZT 2 T ______

e) 45 ZT 45 T ______

f) 23 HT 7 T ______

g) 12 T 30 H ______

④ Wie heißen die Zahlen, die du mit 3 Plättchen legen kannst?

______

______

► SB 22/23

Name: Datum:

Zahlen runden

① Runde die Längen der Flüsse.

Fluss	Länge in km	Gerundet auf Hunderter	Gerundet auf Zehner
Donau	2888		
Rhein	1320		
Mosel	545		
Elbe	1091		
Main	524		
Inn	517		
Oder	866		

② Die Zahlen wurden auf Hunderter gerundet, gib die kleinste mögliche und die größte mögliche Zahl an.

	Kleinste Zahl	Größte Zahl
5300		
2700		
900		
4000		
6400		

	Kleinste Zahl	Größte Zahl
7300		
2000		
800		
7400		
9200		

③ Runde auf Tausender.

a) 23468 ____________ b) 29371 ____________ c) 49380 ____________

d) 98609 ____________ e) 49491 ____________ f) 12905 ____________

g) 40030 ____________ h) 54053 ____________ i) 45297 ____________

④ Bei einem Konzert waren 6023 Fans.
Welche gerundete Zahl soll der Moderator in einer Radiosendung nennen?

____

⑤ In der Spardose sind gerundet auf Hunderter 700 Euro.

a) Wie viel Geld kann das höchstens sein? ____________________

b) Wie viel Geld ist das mindestens? ____________________

► SB 24/25

Name: Datum:

Zahlen runden

① Runde die Zahlen der Einwohner.

Stadt	Einwohnerzahl (Jahr)	Gerundet auf Hunderttausender	Gerundet auf Zehntausender
Moskau	11 503 501 (2010)		
Istanbul	14 160 467 (2012)		
Warschau	1 718 219 (2013)		
Rom	2 638 842 (2012)		
Berlin	3 407 614 (2013)		
Paris	10 460 118 (2010)		
London	8 308 369 (2012)		

② Die Zahlen wurden auf Zehntausender gerundet, gib die kleinste mögliche und die größte mögliche Zahl an.

	Kleinste Zahl	Größte Zahl
530 000		
270 000		
900 000		
400 000		

	Kleinste Zahl	Größte Zahl
730 000		
200 000		
860 000		
740 000		

③ Runde auf Hunderttausender.

a) 234 689 ______________

b) 293 716 ______________

c) 4 933 803 ______________

d) 9 860 439 ______________

e) 494 915 ______________

f) 1 293 055 ______________

g) 4 003 400 ______________

h) 5 403 531 ______________

④ Bei einem Konzert waren 12 777 Fans.

a) Welche gerundete Zahl soll der Moderator in einer Radiosendung nennen? ______________

b) Begründe. ______________

⑤ In der Spardose sind gerundet auf Tausender 7 000 Euro.

a) Wie viel Geld kann das höchstens sein? ______________

b) Wie viel Geld ist das mindestens? ______________

▸SB 24/25

Name: Datum:

Zahlenstrahl (1)

① Wie heißt die Zahl?

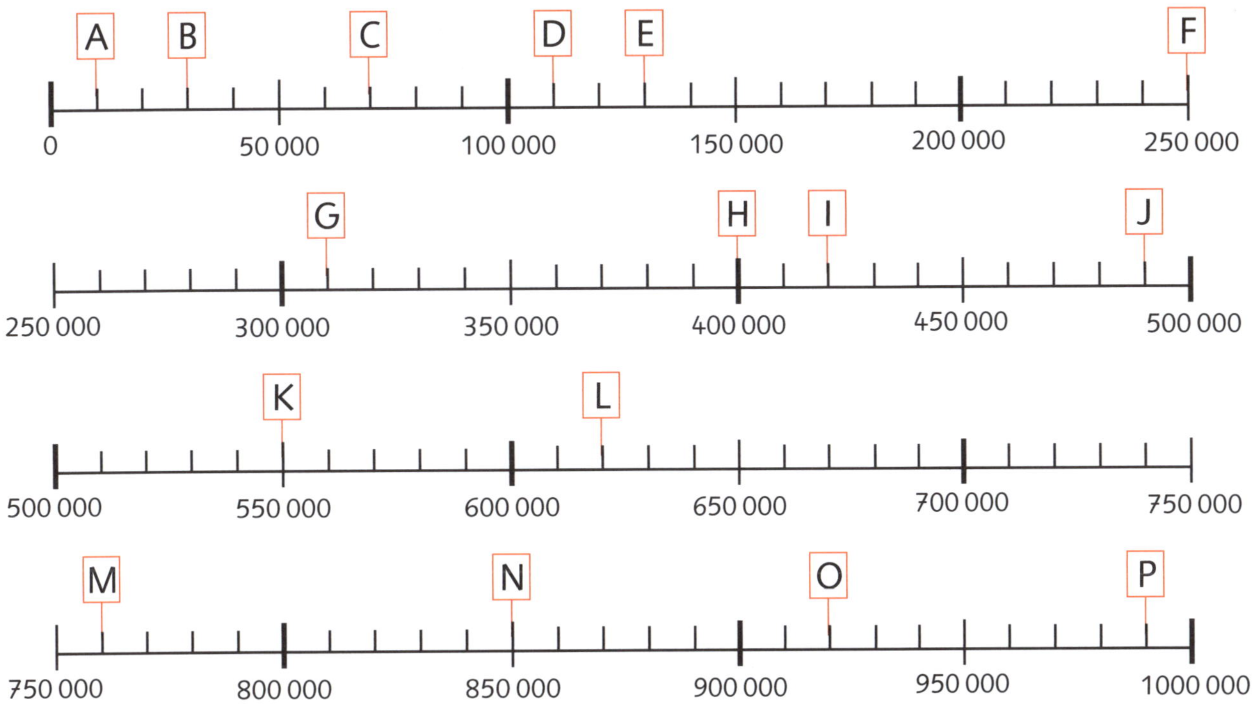

A = 10 000 B = ______ C = ______ D = ______

E = ______ F = ______ G = ______ H = ______

I = ______ J = ______ K = ______ L = ______

M = ______ N = ______ O = ______ P = ______

② Wie heißt die Zahl?

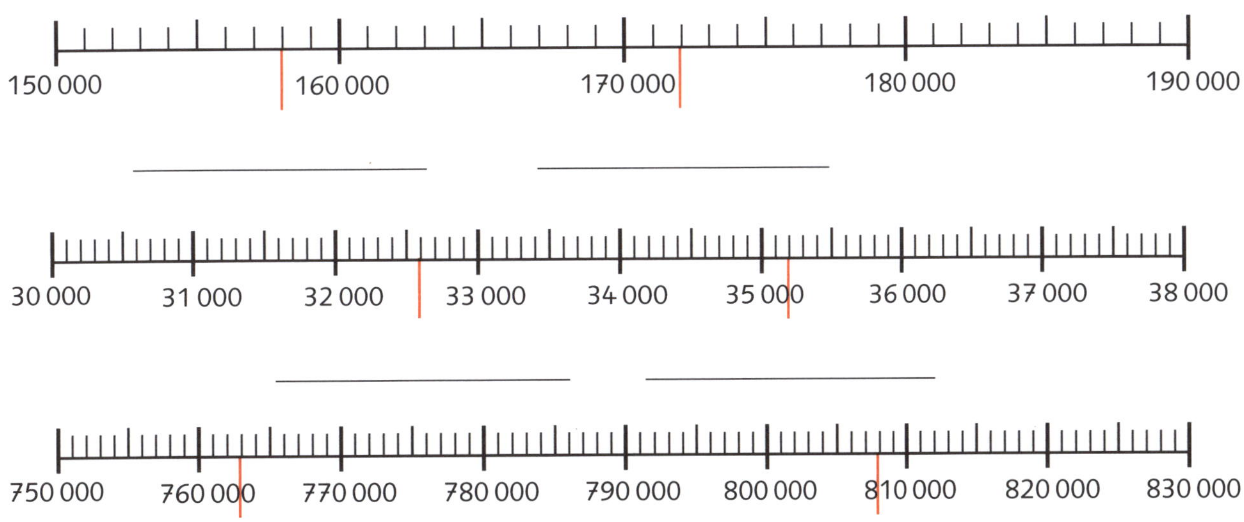

▸SB 26

Name: Datum:

Zahlenstrahl (1)

① Wie heißt die Zahl?

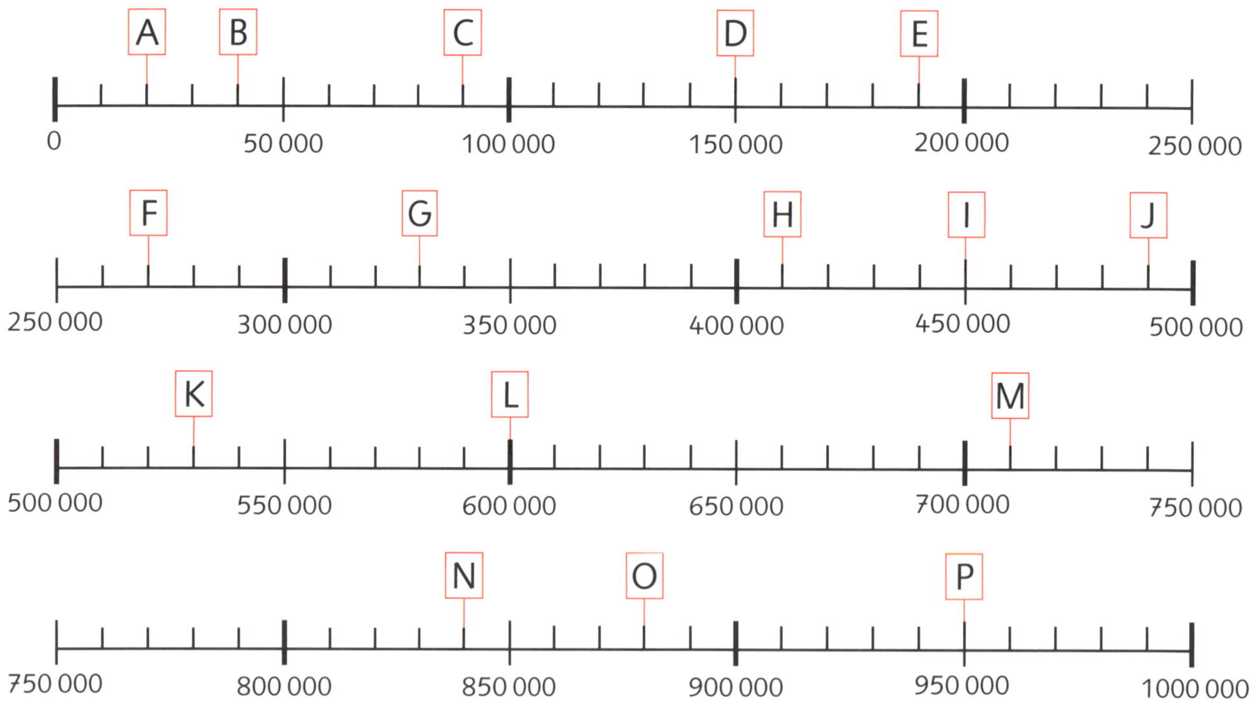

A = 20000	B = ______	C = ______	D = ______
E = ______	F = ______	G = ______	H = ______
I = ______	J = ______	K = ______	L = ______
M = ______	N = ______	O = ______	P = ______

② Wie heißt die Zahl?

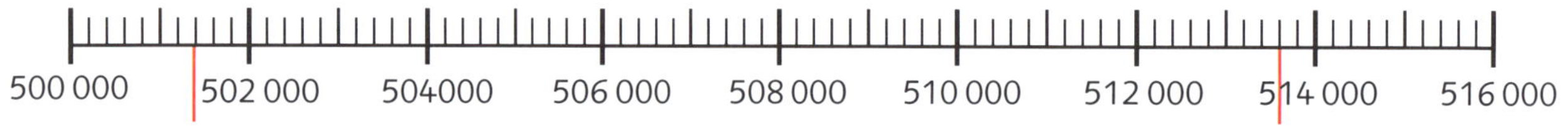

______ ______

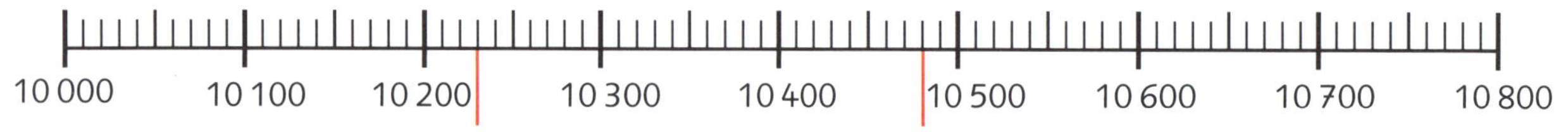

______ ______

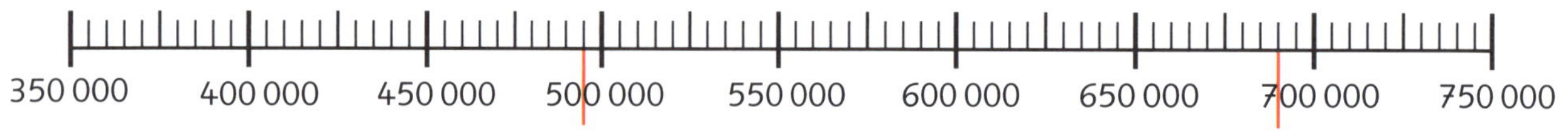

______ ______

► SB 26

Name: Datum:

Zahlenstrahl (2)

① a) Finde die fehlenden Zahlen.

Nachbar-tausender	Vorgänger	Zahl	Nachfolger	Nachbar-tausender
		637 929		
		2 482		
		72 953		
		12 001		
		60 039		
		10 376		
		84 653		
		8 024		
		432 517		

b) Unterstreiche den Nachbartausender, der näher an der Zahl liegt.

② Ordne die Zahlen nach der Größe. Beginne mit der kleinsten Zahl.

a) 7 830 | 120 | 87 208 | 89 820 | 9 272 | 21 302 | 10 003

b) 4 HT 3 T 7 Z 3 E | 7 HT 8 ZT 4 H | 4 ZT 7 T 9 H 2 Z 1 E | 3 HT 8 T 9 H 2 E | 7 ZT 8 H 2 Z 9 E | 6 HT 4 ZT 2 H | 5 T 3 H 7 E

③ Setze ⧀ , ⧁ oder ⊜ ein.

a) 2 419 ◯ 3 333

b) 6 666 ◯ 6 767

c) 9 ZT ◯ 8 HT

d) 1 HT 5 ZT ◯ 6 ZT 8 T

e) 111 111 ◯ 22 222

f) 8 ZT ◯ 6 T 8 H

g) 3 HT 6 ZT 3 T 9 E ◯ 3 HT 6 ZT 2 T 8 E

h) 4 HT 2 ZT 1 T ◯ 421 000

i) 67 206 ◯ 6 ZT 7 T 12 H 5 Z 8 E

j) 980 500 ◯ 9 HT 8 T 0 H 5 Z

k) 1 234 ◯ 125

► SB 27

Name: Datum:

Zahlenstrahl (2)

1 a) Finde die fehlenden Zahlen.

Nachbar-tausender	Vorgänger	Zahl	Nachfolger	Nachbar-tausender
6000				
				65000
			542010	
	437269			
				12000
	13756			
			237458	
13000				
			147283	

b) Unterstreiche den Nachbartausender, der näher an der Zahl liegt.

2 Ordne die Zahlen nach der Größe. Beginne mit der kleinsten Zahl.

a) 11111 | 2222 | 7839 | 9739 | 239826 | 1923 | 432921

b) 4 HT 16 ZT 15 Z | 23 ZT 6 T 16 H | 23 HT 3 ZT 32 T 7 Z 19 E | 4 HT 21 ZT 76 H | 14 HT 23 ZT 45 T | 11 ZT 55 T 6 E

3 Setze (<), (>) oder (=) ein.

a) 23222 ◯ 3333
b) 6666 ◯ 6 ZT 5 Z
c) 9 ZT ◯ 19 T
d) 1 HT 55 ZT ◯ 6 ZT 10 T
e) 1111 T ◯ 22222 Z
f) 8 ZT ◯ 6 T 88 H
g) 3 HT 6 ZT 38 T 92 E ◯ 3 HT 20 T 8 E
h) 4 HT 22 ZT 1 T ◯ 421000
i) 67206 ◯ 6 T 12 H 5 Z 0 E
j) 980500 ◯ 9 HT 8 T 4 H 10 Z
k) 1234 ◯ 125 T

► SB 27

Name: Datum:

Maßeinheiten für Längen

① Ordne die Längen der Größe nach.
Beginne mit der kleinsten Länge.

a) 1 mm | 0,6 m | 17 mm | 16 cm | 0,9 cm | 61 cm

1 mm < ______

b) 0,004 km | 0,03 km | 374 cm | 3 m 4 cm | 3,47 m | 32 mm

______

c) 0,017 km | 1,6 cm | 0,17 m | 25 mm | 116 cm | 16 m

______

② Schreibe in Kilometer als Kommazahl.

a)
7 km 312 m = 7,312 km
5 km 403 m = ______
4 km 23 m = ______
12 km 3 m = ______

b)
8 km 300 m = ______
15 km 20 m = ______
2 km 16 m = ______
4 km 9 m = ______

③ Ergänze die Tabelle.

Meter-schreibweise	4512 m	3014 m			
gemischte Schreibweise	4 km 512 m		8 km 80 m		6 km 400 m
Kommazahl in km	4,512 km			0,75 km	

④
a) 4,32 km + 535 m = 4320 m + 535 m = 4855 m = 4,855 km
b) 5,2 km + 721 m = ______
c) 6,05 km + 951 m = ______
d) 7,341 km + 53 m = ______
e) 8,4 km + 0,501 km = ______
f) 3,72 km + 873 m = ______

▸SB 30

Name: Datum:

Maßeinheiten für Längen

① Welche größte Länge kannst du mit den Zahlenkarten legen?
Welche kleinste Länge kannst du mit den Zahlenkarten legen?

a) [3] [6] [1] [,] [km]

größte Länge: ____________

kleinste Länge: ____________

b) [2] [9] [4] [3] [,] [km]

größte Länge: ____________

kleinste Länge: ____________

② Lege mit den Zahlenkarten die größte und die kleinste Länge.
Berechne die Differenz.

a) [7] [4] [3] [8] [,] [km]

b) [5] [9] [1] [6] [,] [km]

③ Lege mit den Zahlenkarten zwei Längen.
Jede Karte muss einmal verwendet werden.
Addiere die beiden Längen.

[1] [2] [3] [4] [5] [6] [7] [8] [9] [,] [,] [km] [km]

a) Die Summe soll möglichst groß sein.

b) Die Summe soll möglichst klein sein.

c) Die Summe soll zwischen 50 km und 60 km liegen.

► SB 30

Name: Datum:

Entfernungen

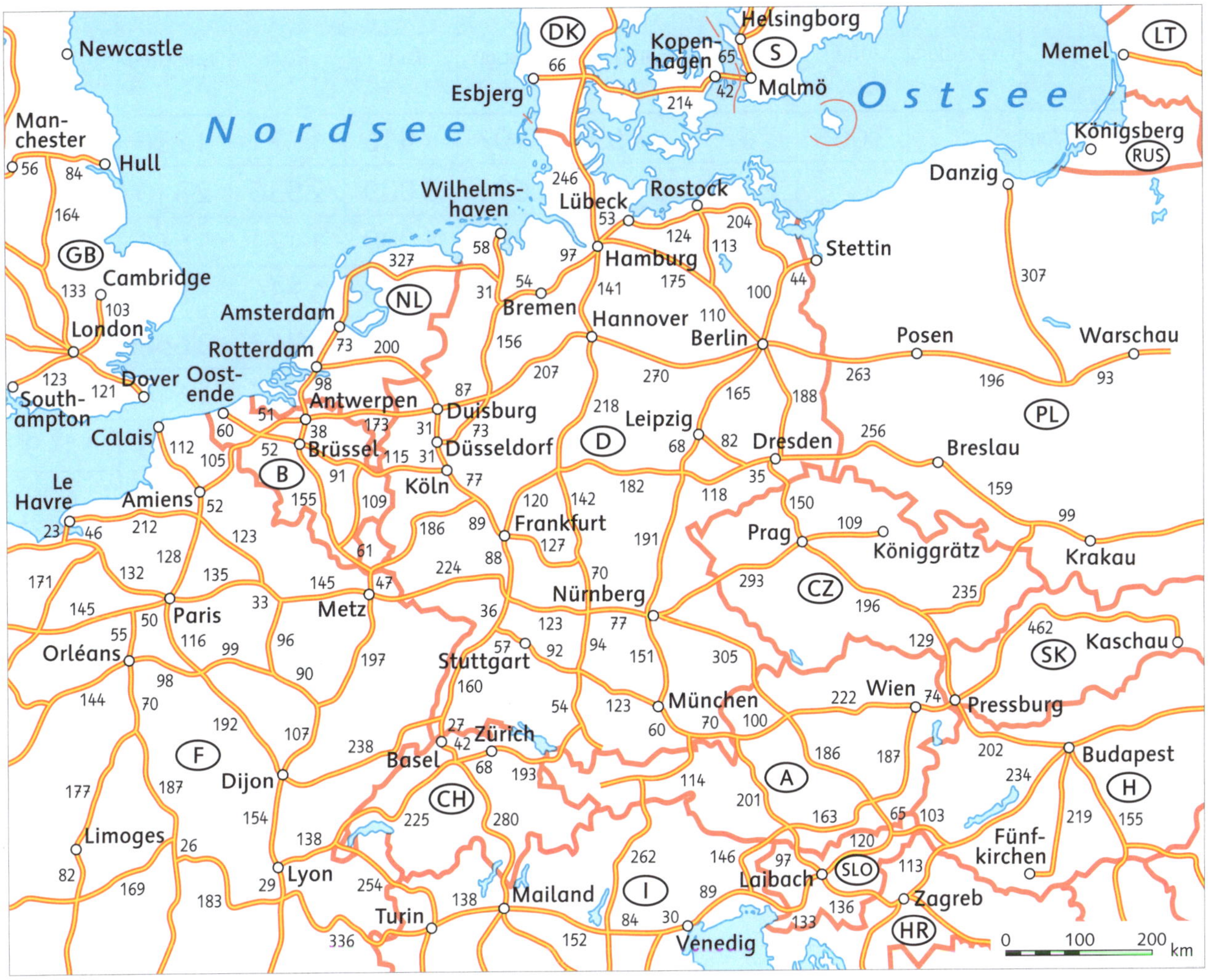

① Zeichne die Strecken auf der Karte ein.

a) München → Berlin

b) Köln → Prag

c) Frankfurt → Venedig

② a) Wie weit ist es von München nach Berlin? ____________

b) Wie weit ist es von Köln nach Prag? ____________

c) Wie weit ist es von Frankfurt nach Venedig? ____________

▸SB 31

Name: Datum:

Entfernungen

Straßen-km / Bahn-km	Amsterdam	Athen	Berlin	Hamburg	Lissabon	Paris	Rom	Warschau	Wien
Amsterdam		3 066	675	459	2 407	516	1 771	1 236	1 176
Athen	3 125		2 513	3 192	4 694	3 009	2 536	2 310	1 898
Berlin	676	2 736		285	2 989	1 098	1 471	561	655
Hamburg	496	3 039	291		2 868	976	1 734	846	1 102
Lissabon	2 447	5 050	2 976	2 842		1 891	2 743	3 658	3 105
Paris	552	3 387	1 021	947	1 895		1 437	1 614	1 307
Rom	1 774	2 709	1 620	1 794	2 992	1 643		1 848	1 149
Warschau	1 252	2 780	577	867	3 978	1 975	2 016		698
Wien	1 242	2 082	771	1 162	3 311	1 399	1 197	685	

1. In dieser Entfernungstabelle kannst du die Entfernungen mit dem Auto und die Entfernungen mit der Bahn ablesen.

a) Suche die Städte auf einer Karte. In welchen Ländern liegen die Städte?

Amsterdam: ______, Athen: ______,

Berlin: ______, Hamburg: ______,

Lissabon: ______, Paris: ______,

Rom: ______, Warschau: ______,

Wien: ______

b) Wie weit ist es von Berlin nach Warschau

mit dem Auto? ______ mit der Bahn? ______

c) Berechne den Unterschied. ______

2. Vergleiche die Entfernungen mit dem Auto und mit der Bahn.
Bei welchen Städten ist der Unterschied besonders groß?
Finde 3 Beispiele.

► SB 31

Name: Datum:

Addieren bis 1 000 000

① a)
819 + 130 = ______
3 819 + 130 = ______
73 819 + 130 = ______
273 819 + 130 = ______

b)
486 + 410 = ______
8 486 + 410 = ______
58 486 + 410 = ______
358 486 + 410 = ______

c)
355 + 640 = ______
7 355 + 640 = ______
97 355 + 640 = ______
497 355 + 640 = ______

d)
190 + 110 = ______
3 190 + 110 = ______
53 190 + 110 = ______
753 190 + 110 = ______

e)
660 + 250 = ______
9 660 + 250 = ______
29 660 + 250 = ______
129 660 + 250 = ______

f)
570 + 150 = ______
4 570 + 150 = ______
64 570 + 150 = ______
364 570 + 150 = ______

② Addiere schriftlich.

a)
376847 + 462954
916425 + 69387
146388 + 554762
25433 + 797899

b)
47163 + 472379
545864 + 374916
933778 + 58471
175438 + 797899

③ Finde 10 Aufgaben und addiere schriftlich.

316 283 | 75 155 | 26 845 | 59 889 | 594 348 | 649 765 | 225 131 | 439 226 | 736 449 | 628 951 | 823 716 | 99 379

▸ SB 36/37

Name: Datum:

Addieren bis 1 000 000

① a)

146 343	35 766	719 556	254 733
+ 29 564	+ 485 739	+ 56 376	+ 185 412
+ 254 785	+ 266 244	+ 42 415	+ 371 567

b)

538 325	731 484	511 224	93 765
+ 275 896	+ 38 517	+ 265 427	+ 416 211
+ 44 321	+ 134 924	+ 199 892	+ 265 688

② a) 697 346 + ______ = 697 566
697 346 + ______ = 699 346
697 346 + ______ = 699 566

b) 524 259 + ______ = 524 799
524 259 + ______ = 564 259
524 259 + ______ = 564 799

c) 334 125 + ______ = 334 775
334 125 + ______ = 339 125
334 125 + ______ = 339 775

d) 272 178 + ______ = 272 798
272 178 + ______ = 284 178
272 178 + ______ = 284 798

③ Finde die fehlenden Zahlen.

a)

356 284	847 365	166 735	455 819
+	+	+	+
1 000 000	1 000 000	1 000 000	1 000 000

b)

545 731	618 837	275 446	763 425
+	+	+	+
1 000 000	1 000 000	1 000 000	1 000 000

④ a)

Wenn ich zu meiner ersten Zahl 49 362 addiere, erhalte ich 465 836. Wie heißt meine Zahl?

Die erste Zahl heißt ______.

b)

Die erste Zahl ist das Doppelte von 212 342. Die Summe ist 782 500. Finde die zweite Zahl.

Die zweite Zahl heißt ______.

▸SB 36/37

Name: Datum:

Subtrahieren bis 1 000 000

①

a)
575 − 530 = ______
5 575 − 530 = ______
85 575 − 530 = ______
485 575 − 530 = ______

b)
392 − 170 = ______
7 392 − 170 = ______
57 392 − 170 = ______
957 392 − 170 = ______

c)
980 − 880 = ______
1 980 − 880 = ______
51 980 − 880 = ______
451 980 − 880 = ______

d)
630 − 340 = ______
8 630 − 340 = ______
28 630 − 340 = ______
128 630 − 340 = ______

e)
420 − 130 = ______
7 420 − 130 = ______
37 420 − 130 = ______
537 420 − 130 = ______

f)
760 − 580 = ______
7 760 − 580 = ______
47 760 − 580 = ______
247 760 − 580 = ______

② Subtrahiere schriftlich.

a)
798342 − 459674
147254 − 59577
613471 − 245899
583291 − 167517

b)
885616 − 352581
922514 − 688777
371542 − 89889
225333 − 175867

③ Finde 10 Aufgaben und subtrahiere schriftlich.

815 457 | 391 823 | 612 475 | 485 249 | 38 966 | 921 129 | 578 146 | 257 819 | 198 665 | 99 987 | 552 928 | 711 325

▸ SB 36/37

Name: Datum:

Subtrahieren bis 1 000 000

1 Subtrahiere in zwei Schritten.

a) 786 523 − 276 358 − 49 577

b) 531 474 − 78 346 − 193 765

c) 883 522 − 99 673 − 233 479

d) 665 143 − 217 484 − 73 459

2

a) 857 985 − ________ = 857 255
857 985 − ________ = 834 985
857 985 − ________ = 834 255

b) 584 736 − ________ = 584 513
584 736 − ________ = 561 763
584 736 − ________ = 561 513

c) 396 575 − ________ = 396 315
396 575 − ________ = 355 575
396 575 − ________ = 355 315

d) 776 849 − ________ = 776 129
776 849 − ________ = 665 849
776 849 − ________ = 665 129

3 Finde die fehlenden Zahlen.

a)

	1 000 000	1 000 000	1 000 000
−			
	542 074	253 179	640 583

b)

	1 000 000	1 000 000	1 000 000
−			
	451 087	385 711	85 274

c)

	1 000 000	1 000 000	1 000 000
−			
	186 527	905 277	734 523

► SB 36/37

Name: Datum:

Im Kopf oder schriftlich?

① Rechne die Aufgaben im Kopf.

a) 857 365 + 42 000 = ____________

b) 320 000 + 58 314 = ____________

c) 410 800 + 350 000 = ____________

d) 224 379 + 500 500 = ____________

e) 975 668 – 45 000 = ____________

f) 153 248 – 42 100 = ____________

g) 862 514 – 430 000 = ____________

h) 799 999 – 10 000 = ____________

② Rechne die Aufgaben schriftlich.

a) 378416 + 521317

b) 447823 + 135465

c) 583917 + 45678

d) 425895 + 266477

e) 824571 – 563989

f) 613613 – 198189

g) 725418 – 23523

h) 854734 – 247136

► SB 38/39

Name: Datum:

Im Kopf oder schriftlich?

① Finde eine passende Aufgabe zur Beschreibung.

a) Diese Additionsaufgabe rechne ich im Kopf, weil sich nur der Zehntausender verändert.

b) Diese Subtraktionsaufgabe rechne ich im Kopf, weil sich nur der Hunderttausender und der Zehntausender verändert.

c) Diese Subtraktionsaufgabe rechne ich schriftlich.

d) Diese Additionsaufgabe rechne ich schriftlich, weil sich nur der Zehntausender und der Tausender verändert.

e) Diese Additionsaufgabe rechne ich schriftlich.

f) Diese Subtraktionsaufgabe rechne ich schriftlich.

② Schreibe eine passende Beschreibung zur Aufgabe.

a) 428 314 + 40 400

____

____

b) 995 877 – 503 000

____

____

► SB 38/39

Name: Datum:

Überschlag

Meine Großeltern wohnen in Istanbul. Ich habe sie mit meiner Familie schon sechsmal besucht. Von Berlin bis Istanbul sind es 2 193 Kilometer.

Umut

Meine Großeltern wohnen in Prag. Wir waren schon elfmal in Prag. Von Berlin bis Prag sind es 347 Kilometer.

Milan

Meine Großeltern wohnen in Dubai. Wir haben sie schon viermal besucht. Von Berlin bis Dubai sind es 6 186 Kilometer.

Emira

① Wie viele Kilometer hat Umut mit seiner Familie bei den Besuchen in Istanbul schon insgesamt zurückgelegt?

Rechne zuerst einen Überschlag.

Rechne genau.

② Wie viele Kilometer hat Milan mit seiner Familie bei den Besuchen in Prag schon insgesamt zurückgelegt?

Rechne zuerst einen Überschlag.

Rechne genau.

③ Wie viele Kilometer hat Emira mit ihrer Familie bei den Besuchen in Dubai schon insgesamt zurückgelegt?

Rechne zuerst einen Überschlag.

Rechne genau.

▸ SB 40

Name: Datum:

Überschlag

km	Berlin	Düsseldorf	Frankfurt a. M.	Hamburg	Hannover	München	Nürnberg	Stuttgart
Berlin		561	551	285	287	586	437	634
Düsseldorf	561		227	405	278	612	445	404
Frankfurt a. M.	551	227		496	349	393	226	205
Hamburg	285	405	496		157	776	609	656
Hannover	287	278	349	157		632	465	512
München	586	612	393	776	632		169	222
Nürnberg	437	445	226	609	465	169		211
Stuttgart	634	404	205	656	512	222	211	

① Mia macht mit ihrer Familie in den Herbstferien eine Reise durch Deutschland. Ihre Reise beginnt in Berlin. Sie besuchen die Städte Hamburg, Hannover, Düsseldorf, Frankfurt a. M., Stuttgart, München und Nürnberg.

Wie viele Kilometer legt Mia mit ihrer Familie in den Herbstferien zurück?

Rechne zuerst einen Überschlag.

Rechne genau.

② Welche dieser Städte würdest du gerne besuchen? Welche Route wählst du? Wie viele Kilometer müsstest du auf deiner Reise zurücklegen?

► SB 40

Name: Datum:

Geodreieck (1)

① Verbinde.

Abstand in mm

die Mittellinie

der Nullpunkt

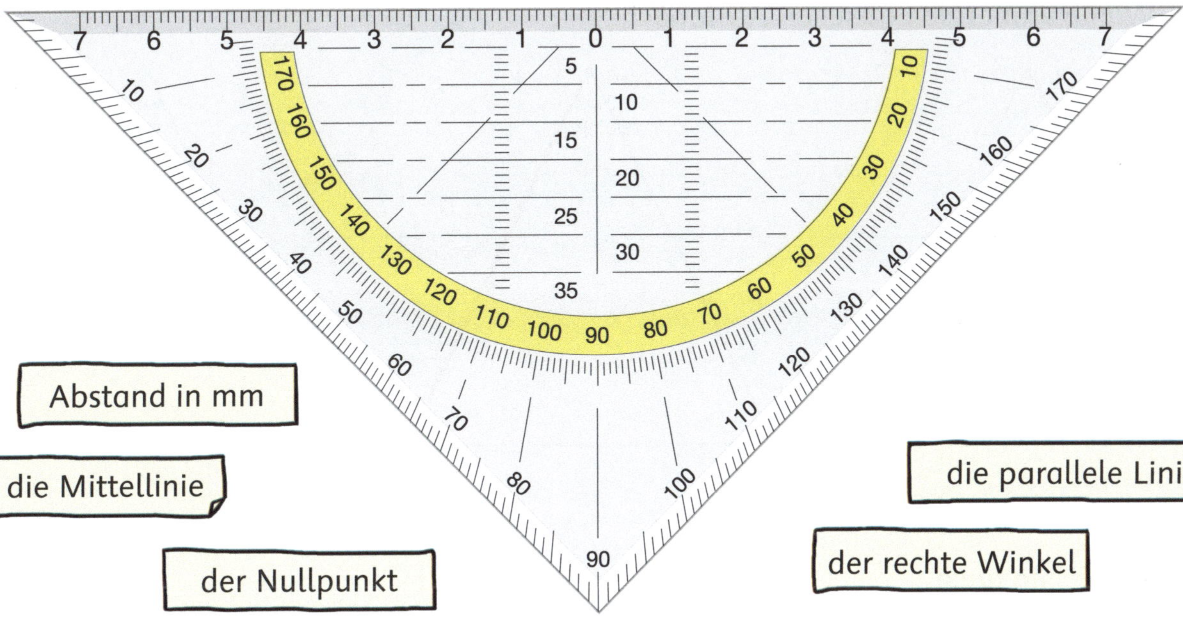

die parallele Linie

der rechte Winkel

② Zeichne parallele Linien im Abstand von:

a) 1 cm

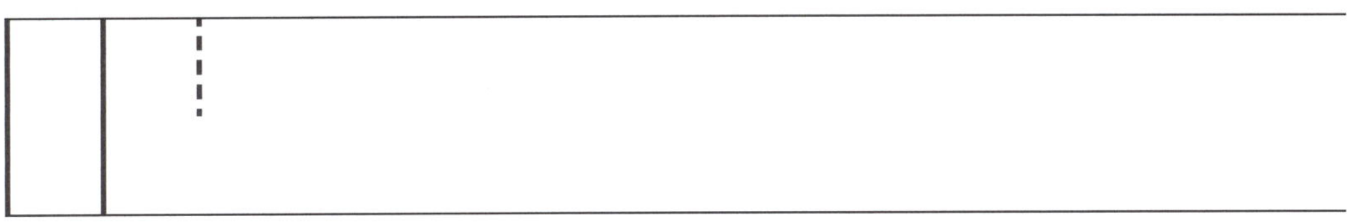

b) 1,5 cm

c) 2,5 cm

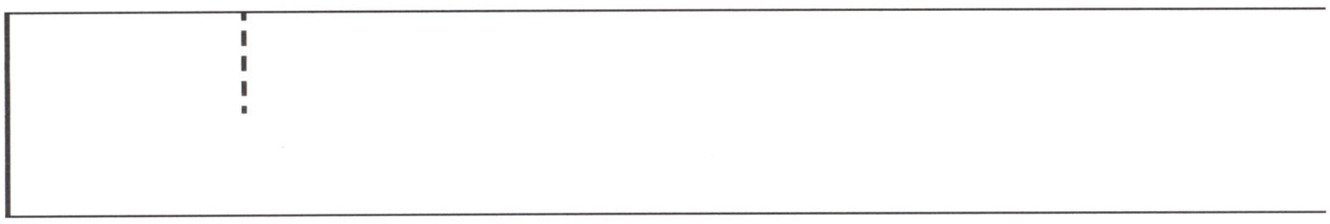

③ Zeichne weiter.

a)

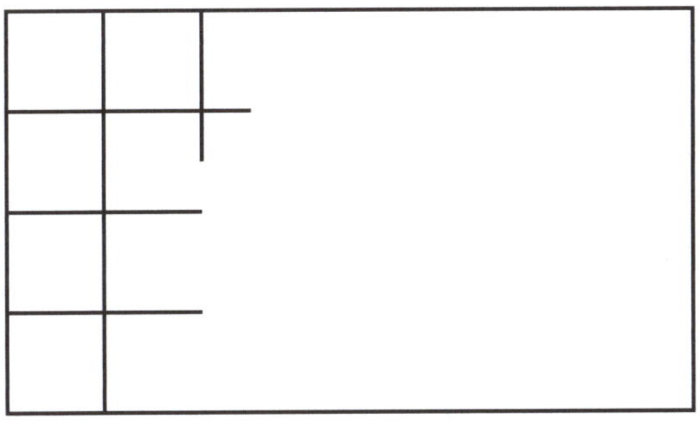

b)

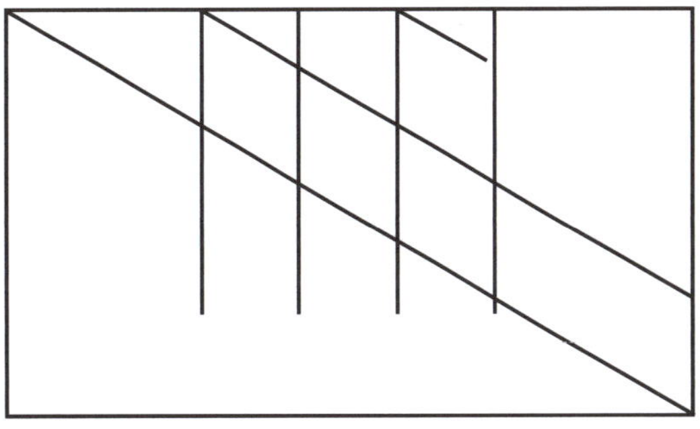

► SB 44/55

Name: Datum:

Geodreieck (1)

① Zeichne parallele Linien in das Dreieck. Die Linien sind parallel zur farbigen Linie. Wähle immer den gleichen Abstand.

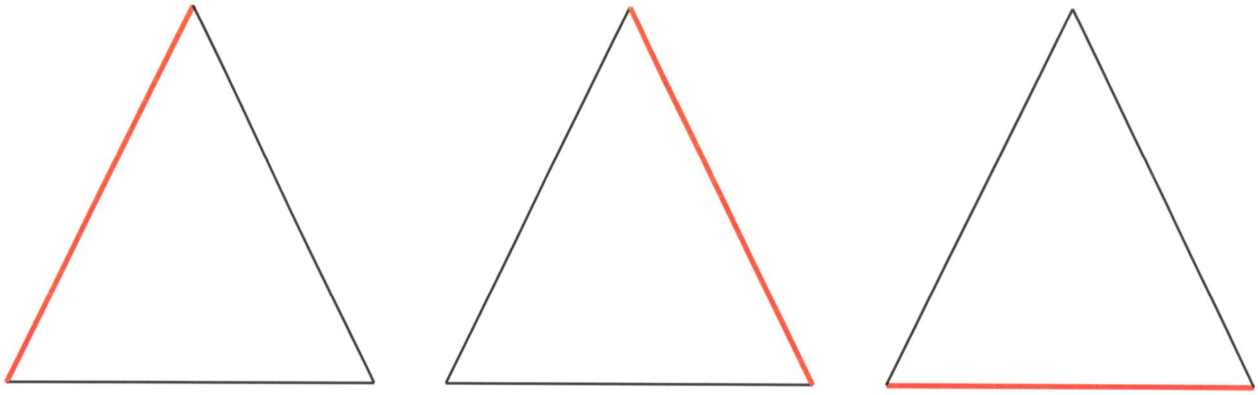

② a) Zeichne nach.

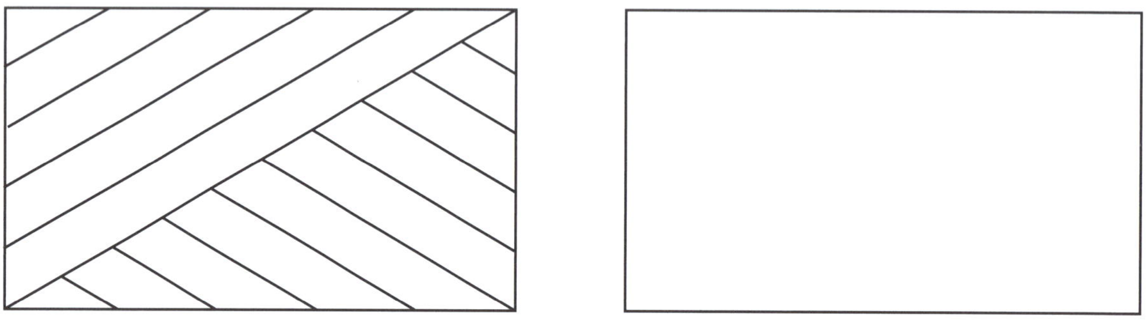

b) Finde die richtigen Arbeitsanweisungen.
Nummeriere sie in der richtigen Reihenfolge.
Streiche die falschen Arbeitsanweisungen durch.

- ☐ Zeichne in der noch leeren Hälfte parallele Linien zur zweiten Diagonale.
- ☐ Wähle immer den gleichen Abstand.
- ☐ Zeichne parallele Linien zu der kurzen Seite des Rechtecks.
- ☐ Finde die zweite Diagonale. Zeichne sie nur in der noch leeren Hälfte.
- ☐ Zeichne die beiden Diagonalen.
- ☐ Zeichne nur in einer Hälfte parallele Linien zur Diagonale.
- ☐ Zeichne eine Diagonale.
- ☐ Zeichne im ganzen Rechteck parallele Linien zur Diagonale.
- ☐ Zeichne parallele Linien zu der langen Seite des Rechtecks.

► SB 44/45

Name: Datum:

Geodreieck (2)

① Finde rechte Winkel. Wie viele rechte Winkel sind es?

a)

b)

c)

a) _____ rechte Winkel

b) _____ rechte Winkel

c) _____ rechte Winkel

② Welche Linien sind parallel zueinander? Schreibe einen Satz.

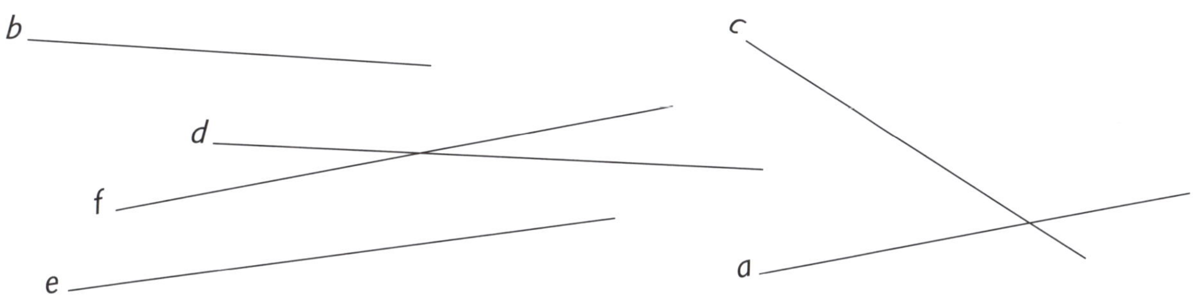

____

③ Zeichne mit dem Geodreieck Rechtecke mit der Seitenlänge:

a) 2 cm und 3 cm

b) 1 cm und 4 cm

c) 6 cm und 3,5 cm

d) 1,5 cm und 2,5 cm

▸SB 45

Name: Datum:

Geodreieck (2)

① Finde rechte Winkel. Wie viele rechte Winkel sind es?

a) 

____ rechte Winkel

b) 

____ rechte Winkel

c) 

____ rechte Winkel

② Zeichne. Dein Bild hat genau:

a) 4 gerade Linien und 4 rechte Winkel.

b) 4 gerade Linien und 2 rechte Winkel.

c) 4 gerade Linien und 1 rechten Winkel.

d) Hast du einen Trick gefunden? Beschreibe.

____

____

____

____

▸ SB 45

Name: Datum:

Zirkel (1)

① Zeichne Kreise mit dem Radius:

a) $r = 2{,}3\,\text{cm}$

Wie groß ist der Durchmesser?

$d =$ ____________

×

b) $r = 3{,}2\,\text{cm}$

Wie groß ist der Durchmesser?

$d =$ ____________

×

② Ordne die Fachbegriffe zu. Schreibe in die richtigen Kästen.

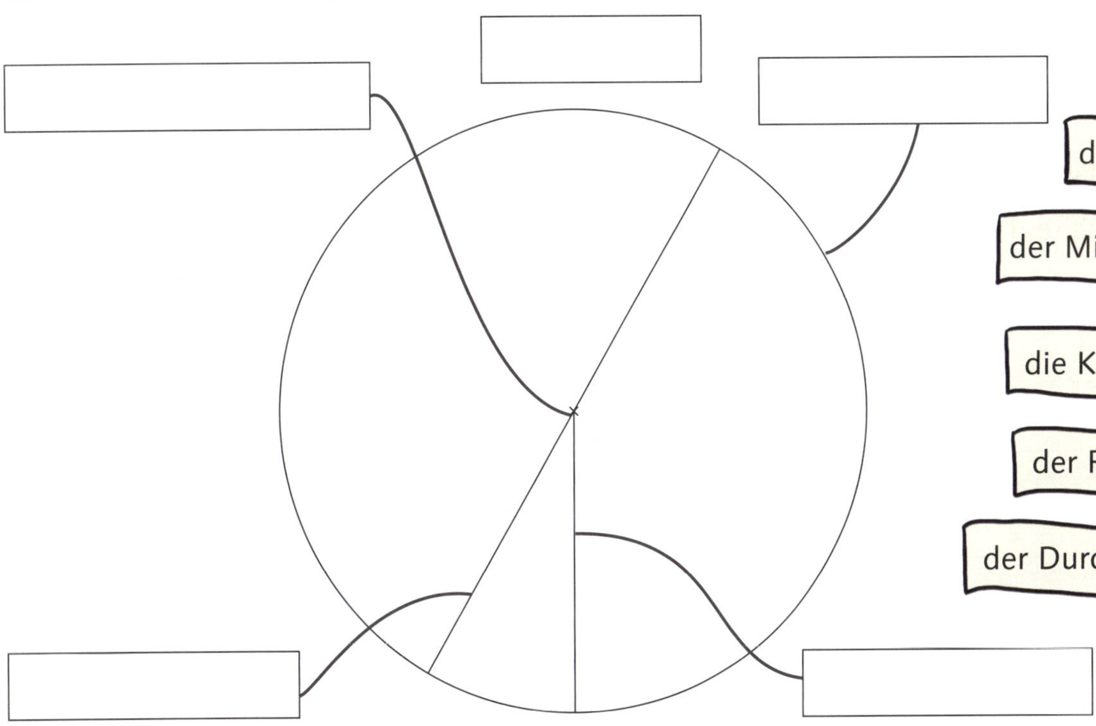

der Kreis

der Mittelpunkt

die Kreislinie

der Radius

der Durchmesser

► SB 46/47

Name: Datum:

Zirkel (1)

① Rechne und ergänze.

a) Ein Kreis mit dem Radius r = 10 cm hat den Durchmesser d = ________.

b) Ein Kreis mit dem Radius r = 36 cm hat den Durchmesser d = ________.

c) Ein Kreis mit dem Radius r = 54 cm hat den Durchmesser d = ________.

d) Ein Kreis mit dem Durchmesser d = 40 cm hat den Radius r = ________.

e) Ein Kreis mit dem Durchmesser d = 2 cm hat den Radius r = ________.

f) Ein Kreis mit dem Durchmesser d = 30 cm hat den Radius r = ________.

② Rechne und ergänze.

a) Ein Kreis mit dem Radius r = 5 mm hat den Durchmesser d = ________.

b) Ein Kreis mit dem Radius r = 1,9 cm hat den Durchmesser d = ________.

c) Ein Kreis mit dem Radius r = 999 m hat den Durchmesser d = ________.

d) Ein Kreis mit dem Durchmesser d = 1,02 m hat den Radius r = ________.

e) Ein Kreis mit dem Durchmesser d = 1,8 cm hat den Radius r = ________.

f) Ein Kreis mit dem Durchmesser d = 2,5 km hat den Radius r = ________.

③ Ordne die Sätze. Finde den Fehler. Schreibe richtig auf.

- ☐ Stich die Zirkelspitze ein.
- ☐ Stelle den Zirkel auf den Durchmesser ein.
- ☐ Zeichne den Radius ein.
- ☐ Zeichne die Kreislinie.
- ☐ Stelle den Zirkel auf den Radius ein.
- ☐ Zeichne einen Kreis.

Fehler: ____________________

____

____

____

____

____

____

▸SB 46/47

Name: Datum:

Zirkel (2)

① Zeichne Kreise mit dem Durchmesser:

a) $d = 6\,\text{cm}$

Wie groß ist der Radius?

$r =$ ____________

b) $d = 5{,}2\,\text{cm}$

Wie groß ist der Radius?

$r =$ ____________

② a) Zeichne größer. Der kleinste Kreis hat den Radius $r = 1\,\text{cm}$.
Der zweite Kreis hat den Radius $r = 2\,\text{cm}$.
Der dritte Kreis hat den Radius $r = 3\,\text{cm}$.

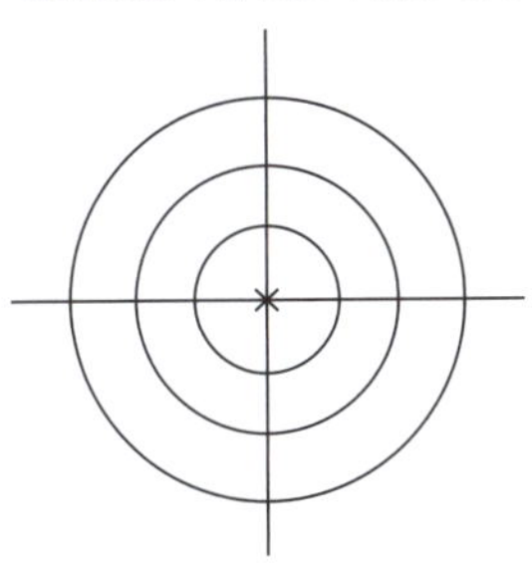

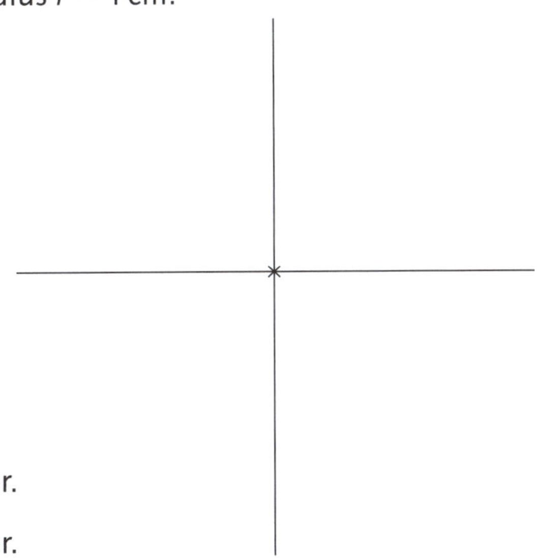

b) Welche Sätze stimmen? Kreuze an.

- ☐ Die Radien werden immer um 1 cm größer.
- ☐ Die Radien werden immer um 2 cm größer.
- ☐ Der Durchmesser führt durch den Mittelpunkt.
- ☐ Die geraden Linien sind im rechten Winkel zueinander.

▸SB 46/47

Name: Datum:

Zirkel (2)

① a) Welche Sätze stimmen? Kreuze an.

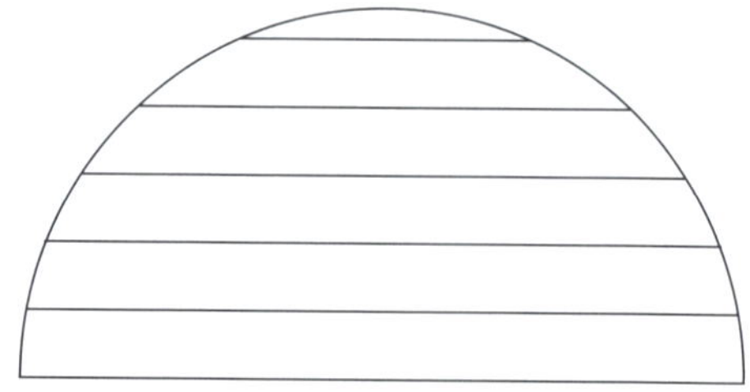

- [ ] Der Halbkreis hat den Radius $r = 2{,}5\,\text{cm}$
- [ ] Der Halbkreis hat den Radius $r = 3\,\text{cm}$.
- [ ] Die Linien sind parallel zum Radius.
- [ ] Die Linien sind parallel zum Durchmesser.

b) Zeichne größer.

② a) Zeichne einen Halbkreis um den Mittelpunkt. Der Radius ist $r = 4\,\text{cm}$.

b) Zeichne parallele Linien zum Radius im Abstand von 3 mm.

c) Zeichne Linien, die zueinander parallel und im rechten Winkel zum Radius sind. Der Abstand ist 3 mm.

d) Welche Sätze stimmen? Kreuze an.

- [ ] Im Halbkreis sind viele Quadrate.
- [ ] Im Halbkreis sind nur Quadrate.

e) Zeichne größer auf einem extra Blatt. Wähle einen großen Radius und einen anderen Abstand.

▸SB 48

Name: Datum:

Kleine und große Multiplikationsaufgaben

① Fülle die Tabelle aus.

·	6	60	600	6 000	60 000
4					
40					
400					
4 000					
40 000					

② Verbinde passende Sätze und färbe in der gleichen Farbe.

In jeder Spalte werden die Zahlen

Wenn die 1. Zahl 100-mal größer wird und die 2. Zahl 1 000-mal größer wird,

Wenn die 1. Zahl 100-mal größer wird und die 2. Zahl gleich bleibt,

Wenn die 1. Zahl 10-mal größer wird und die 2. Zahl 10-mal größer wird,

Wenn die 1. Zahl 100-mal größer wird und die 2. Zahl 100-mal größer wird,

Wenn die 1. Zahl 10-mal größer wird und die 2. Zahl 1000-mal größer wird,

In jeder Zeile werden die Zahlen

von links nach rechts immer 10-mal größer.

dann wird das Produkt 100-mal größer.

von oben nach unten immer 10-mal größer.

dann wird das Produkt 100-mal größer.

dann wird das Produkt 10000-mal größer.

dann wird das Produkt 100000-mal größer.

dann wird das Produkt 10000-mal größer.

▸ SB 52/53

Name: Datum:

Kleine und große Multiplikationsaufgaben

① Ergänze die Tabelle.

·					
7	28				
70		2 800			
700			280 000		
7 000					
70 000				280 000 000	2 800 000 000

② Vervollständige die Sätze.

In jeder Spalte werden die Zahlen ____________________

In jeder Zeile werden die Zahlen ____________________

Wenn die 1. Zahl 10-mal größer wird und die 2. Zahl 100-mal größer wird,
____

Wenn die 1. Zahl 1 000-mal größer wird und die 2. Zahl ____________________

③ Schreibe eigene Sätze.

____

► SB 52/53

Name: Datum:

Große Zahlen multiplizieren und dividieren

① Finde das Lösungswort.

$8 \cdot 90 =$

$40 \cdot 800 =$

$20 \cdot 40 =$

$1000 \cdot 0 =$

$900 \cdot 400 =$

$3000 \cdot 3 =$

$8 \cdot 800 =$

$60 \cdot 900 =$

$100 \cdot 400 =$

$4 \cdot 30 =$

$5000 \cdot 60 =$

$9000 \cdot 80 =$

0	1	2	3	4	5	6	7	8	9
H	T	I	E	S	EI	M	R	C	N

Lösungswort:

_ _ _ _ _ _ _ _ _ _ _ _
7 3 8 0 3 9 6 5 4 1 3 7

② Finde das Lösungswort.

$5400 : 9 =$

$1000 : 1 =$

$2700 : 900 =$

$560 : 8 =$

$1200 : 6 =$

$0 : 3 =$

$8400 : 2 =$

$555500 : 100 =$

$56000 : 70 =$

$36000 : 40 =$

0	1	2	3	4	5	6	7	8	9
P	A	E	T	R	O	M	H	F	I

Lösungswort:

_ _ _ _ _ _ _ _ _ _
6 1 3 7 2 0 4 5 8 9

► SB 54/55

Name: Datum:

Große Zahlen multiplizieren und dividieren

1 Schreibe 5 passende Zahlen auf.

a) □ · 4 < 20 ______
b) 30 · □ < 150 ______
c) □ · 20 < 240 ______

d) □ < 490 : 70 ______
e) 6400 : 8 > □ ______
f) □ > 420 : 6 ______

2 Setze ⧀, ⧁ oder ⊜ ein.

a) 50 · 3 ◯ 600
b) 490 ◯ 70 · 4
c) 320 ◯ 300 · 2

d) 4900 ◯ 7 · 700
e) 20 · 80 ◯ 1800
f) 2400 ◯ 6 · 4000

3 Setze ⧀, ⧁ oder ⊜ ein.

a) 60 + 3 · 70 ◯ 60 · 3 + 70
b) 4 · 8 + 90 ◯ 4 + 8 · 90

c) 20 + 4 · 80 ◯ 20 · 4 + 80
d) 9 · 3 + 70 ◯ 9 + 3 · 70

e) 10 + 1 · 100 ◯ 10 · 1 + 100
f) 6 · 4 + 50 ◯ 6 + 4 · 50

4 Finde verschiedene Aufgaben und rechne. Verwende ⊕, ⊖, ⊙, (:), ⊜, ⧀, ⧁.

100 645 6 1600 2 2100 8 80 14 70
3600 196 32 800 16 3 5 176 60

Name: Datum:

Halbschriftliche Multiplikation

① Rechne die Aufgabenkette.

a) 245	·3 →		·7 →		·2 →		·6 →	
b) 124	·7 →		·3 →		·4 →		·9 →	
c) 74	·8 →		·9 →		·1 →		·3 →	
d) 263	·2 →		·7 →		·8 →		·4 →	
e) 653	·1 →		·2 →		·5 →		·7 →	
f) 374	·3 →		·5 →		·2 →		·6 →	

② Wie heißt die Zahl?

▸ SB 57

Name: Datum:

Halbschriftliche Multiplikation

① Finde viele Multiplikationsaufgaben.

a) Das Ergebnis soll größer als 5000 und kleiner als 7000 sein.

b) Das Ergebnis soll größer als 7000 und kleiner als 9000 sein.

c) Das Ergebnis soll größer als 10000 und kleiner als 12000 sein.

② Finde Multiplikationsaufgaben.

Das Ergebnis ist größer als 28000 und kleiner als 51000.

a) 42 · ☐

b) ☐ · 39

▸ SB 57

Name: Datum:

Vielfache

① Finde die Zahl. Schreibe die Aufgabe.

a) das Sechsfache von 80 $6 \cdot 80 =$ ____________

b) das Fünffache von 60 ____________

c) das Achtzigfache von 4 ____________

d) das Vierzigfache von 3 ____________

e) das Neunfache von 20 ____________

f) das Zweifache von 70 ____________

g) das Siebzigfache von 40 ____________

② a) Markiere farbig.

b) Schreibe die gemeinsamen Vielfachen auf.

Vielfache von 40 (rot)

280, 320, 360, 600, 120, 40 (eingekreist), 540, 300, 60, 180, 420, 240, 160, 80, 200, 480, 400

Vielfache von 60 (grün)

gemeinsame Vielfache: ____________

Vielfache von 30 (rot)

90, 300, 150, 360, 30, 60, 330, 180, 210, 120, 270, 240

Vielfache von 90 (grün)

gemeinsame Vielfache: ____________

Vielfache von 20 (rot)

180, 160, 120, 100, 60, 40, 140, 140, 200, 240, 80, 20

Vielfache von 40 (grün)

gemeinsame Vielfache: ____________

Vielfache von 40 (rot)

280, 320, 400, 40, 600, 240, 160, 120, 440, 200, 480, 80

Vielfache von 80 (grün)

gemeinsame Vielfache: ____________

► SB 58

Name: Datum:

Vielfache

① Finde die Vielfachen

a) von 20, die zwischen 150 und 310 liegen:

___

b) von 30, die zwischen 300 und 520 liegen:

___

c) von 40, die zwischen 300 und 600 liegen:

___

d) von 60, die zwischen 500 und 1 100 liegen:

___

e) von 70, die zwischen 600 und 1 100 liegen:

___

② Richtig ☑ oder falsch [f]?

a) 150 ist ein Vielfaches von 40. ☐

b) 240 ist ein Vielfaches von 60. ☐

c) 470 ist ein Vielfaches von 70. ☐

d) 150 ist ein Vielfaches von 50. ☐

e) 340 ist ein Vielfaches von 60. ☐

f) 360 ist ein Vielfaches von 60. ☐

g) 630 ist ein Vielfaches von 90. ☐

h) 910 ist ein Vielfaches von 90. ☐

i) 320 ist ein Vielfaches von 40. ☐

j) 200 ist ein Vielfaches von 40. ☐

③ Finde gemeinsame Vielfache.

a) gemeinsame Vielfache von 20 und 60:

___

b) gemeinsame Vielfache von 30 und 90:

___

c) gemeinsame Vielfache von 20 und 40:

___

d) gemeinsame Vielfache von 10 und 50:

___

e) gemeinsame Vielfache von 20 und 30:

___

▸SB 58

Name: Datum:

Halbschriftliche Division

① Setze fort und rechne.

a)	b)	c)
160 : 4 = ___	300 : 6 = ___	210 : 7 = ___
164 : 4 = ___	306 : 6 = ___	217 : 7 = ___
168 : 4 = ___	312 : 6 = ___	224 : 7 = ___
172 : 4 = ___	___ : 6 = ___	___ : 7 = ___
___ : 4 = ___	___ : 6 = ___	___ : 7 = ___
___ : 4 = ___	___ : 6 = ___	___ : 7 = ___

② Im Kopf K oder schriftlich S?

a) 261 : 3 = ___ ☐	b) 4548 : 6 = ___ ☐	c) 4900 : 7 = ___ ☐
d) 345 : 5 = ___ ☐	e) 1800 : 6 = ___ ☐	f) 2360 : 5 = ___ ☐
g) 4424 : 7 = ___ ☐	h) 1368 : 3 = ___ ☐	i) 2223 : 3 = ___ ☐
j) 300 : 5 = ___ ☐	k) 640 : 8 = ___ ☐	l) 666 : 6 = ___ ☐
m) 1968 : 8 = ___ ☐	n) 213 : 3 = ___ ☐	o) 3696 : 7 = ___ ☐
p) 1500 : 5 = ___ ☐	q) 4886 : 7 = ___ ☐	r) 3300 : 3 = ___ ☐

▸SB 59/60

Name: Datum:

Halbschriftliche Division

① Rechne die Aufgabenkette.

a) 15 498 —:7→ ☐ —:3→ ☐ —:6→ ☐

b) 50 304 —:8→ ☐ —:4→ ☐ —:2→ ☐

② Fülle die Aufgabenkette aus und rechne.

a) Dividiere 2 688 durch 3. Das Ergebnis dividiere erst durch 4 und dann durch 2.

☐ → ☐ → ☐ → ☐

b) Dividiere 5 736 durch 6. Das Ergebnis dividiere durch 4 und multipliziere dann mit 7.

☐ → ☐ → ☐ → ☐

③ Löse die Aufgabenkette. Benutze (:), (·), (−) und (+).

968 → ☐ → ☐ → ☐ → 500

► SB 59/60

★★

Name: Datum:

Zahlenfolgen

① a) Setze die Zahlenfolge in alle Richtungen fort.

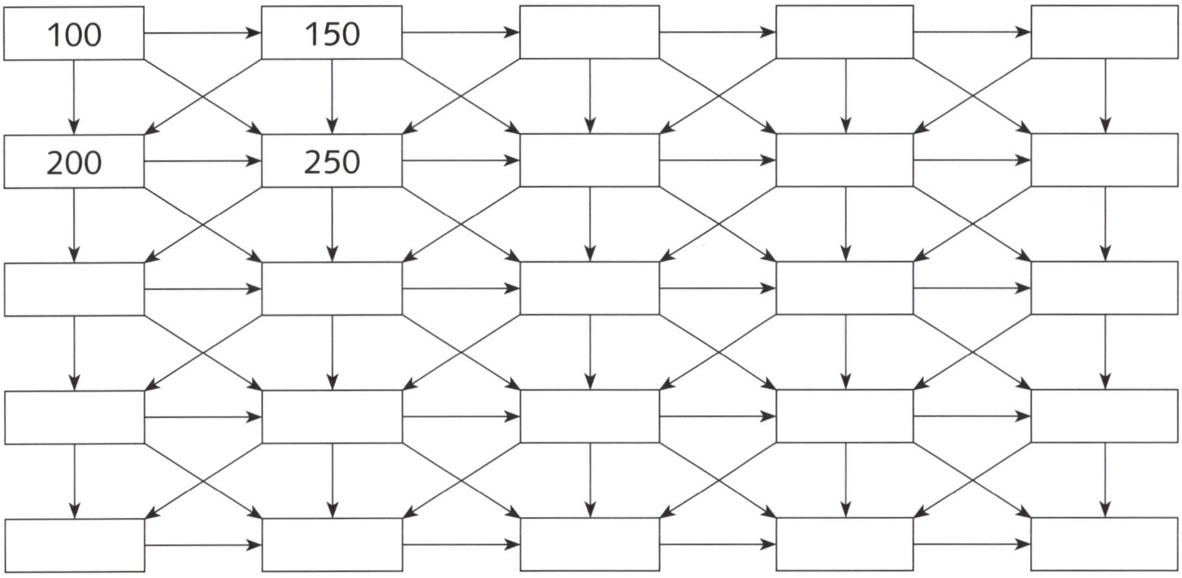

b) Finde die Regel:

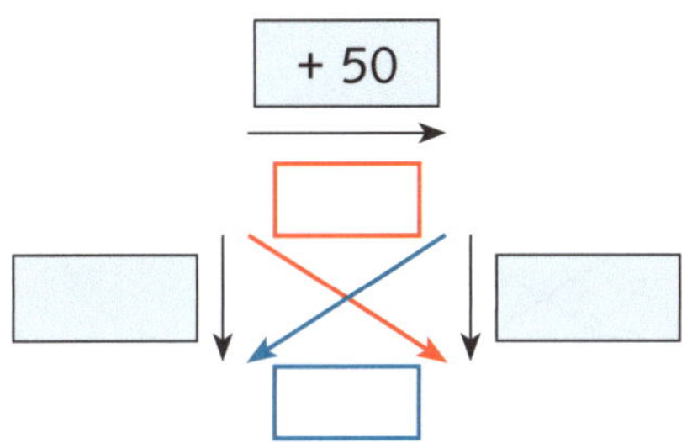

② Finde selbst eine Zahlenfolge zu der Regel:

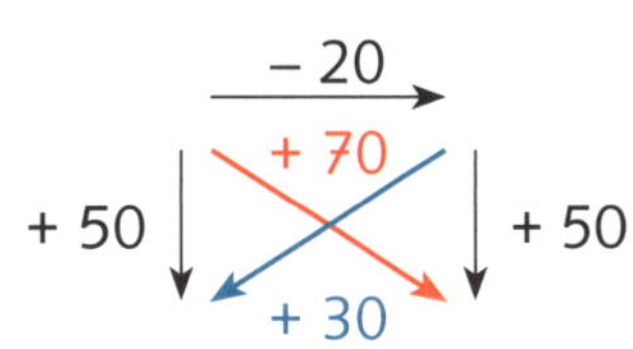

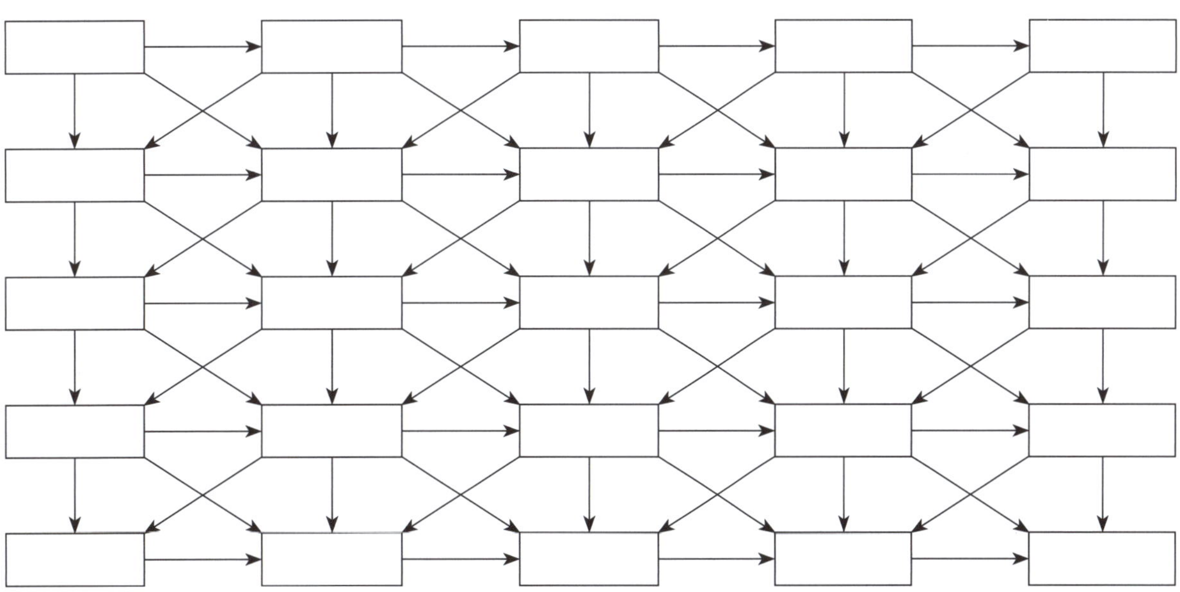

▸SB 61

Name: Datum:

Zahlenfolgen

① a) Setze die Zahlenfolge in alle Richtungen fort.

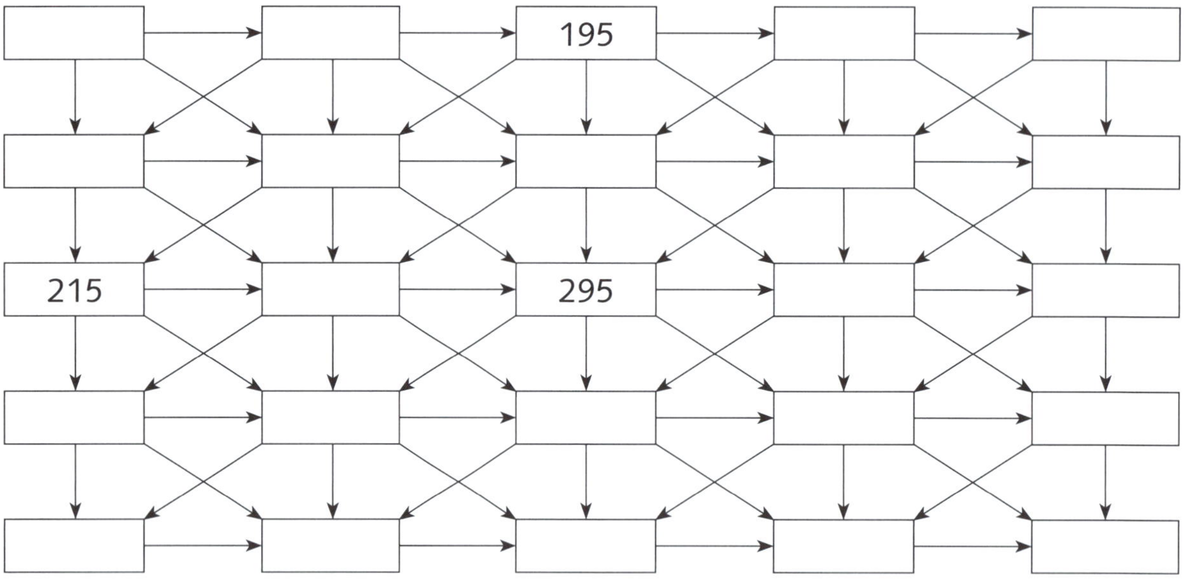

b) Finde die Regel:

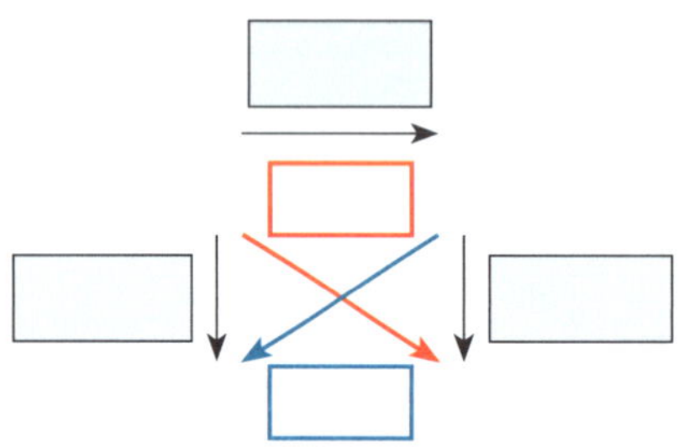

② Finde selbst eine Zahlenfolge zu einer Regel.

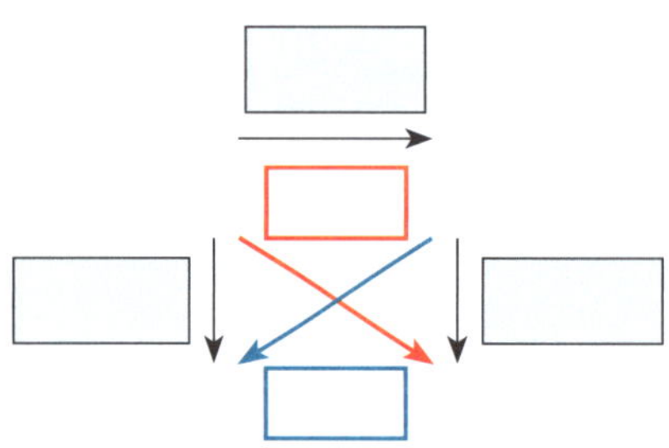

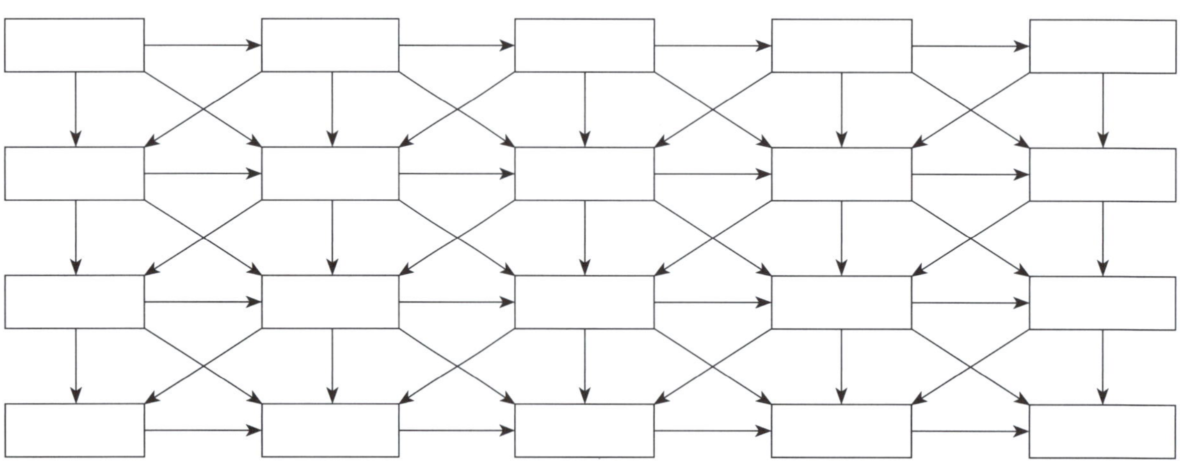

► SB 61

Name: Datum:

Sachrechnen: Sonderangebote

① Emira bekommt jede Woche 1 Euro Taschengeld.
Emiras Vater verspricht, wenn Emira das gesamte Taschengeld spart, dann verdoppelt er das gesamte Ersparte.

Frage Wie viel Taschengeld hat Emira in 6 Wochen gespart, wenn ihr Vater am Ende jeder Woche das gesamte Ersparte verdoppelt?

Vermuten Ich vermute, Emira spart in 6 Wochen ungefähr ______________.

Informationen sammeln Welche Zahlen und Informationen habe ich?

____

____

____

Hilfsfragen Ich beantworte Hilfsfragen.

Wie viel Taschengeld bekommt Emira in einer Woche? __________

Was verspricht Emiras Vater?

____

____

Wie lange spart Emira?

____

Lösung Welche Tabelle hilft dir beim Lösen der Aufgabe? Kreuze an.

a) ☐

Woche	1	2	3	4	5	6
Gespart	2€	4€	8€	16€	32€	64€

b) ☐

Woche	1	2	3	4	5	6
Gespart	2€	6€	14€	30€	62€	126€

Überprüfen Ich vergleiche mein Ergebnis mit meiner Vermutung und schreibe einen Antwortsatz.

Antwortsatz: ______________________________

____

► SB 62/63

Name: Datum:

Sachrechnen: Sonderangebote

① Emira möchte sich ein Fahrrad für 315 Euro kaufen.
Sie spart jede Woche 2 Euro Taschengeld.
Emiras Vater verspricht: „Wenn du dein Taschengeld sparst, dann verdopple ich das gesamte Ersparte am Ende jeder Woche."

Frage Wie lange muss Emira für das Fahrrad sparen?

Vermuten Ich vermute, Emira muss ______________________________

______________________________.

Informationen sammeln

____

____

____

____

Hilfsfragen Ich finde Hilfsfragen, damit ich die Frage beantworten kann.

____

____

____

____

Lösung

Überprüfen Ich vergleiche mein Ergebnis mit meiner Vermutung und schreibe einen Antwortsatz.

Antwortsatz: ______________________________

____

► SB 62/63

Name: Datum:

Der Maßstab: vergrößern und verkleinern

① a) Wenn die erste Zahl des Maßstabs größer ist als die zweite Zahl, dann wurde ______________________.

b) Wenn die zweite Zahl des Maßstabs kleiner ist als die erste Zahl, dann wurde ______________________.

c) Beim Maßstab 1 : 5 wurde ______________________.

d) Beim Maßstab 3 : 1 wurde ______________________.

② a) In welchem Maßstab wurde vergrößert?

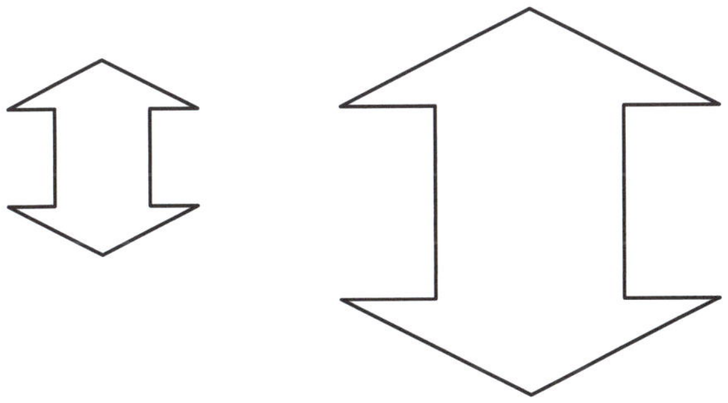

Maßstab ____ : ____

b) In welchem Maßstab wurde verkleinert?

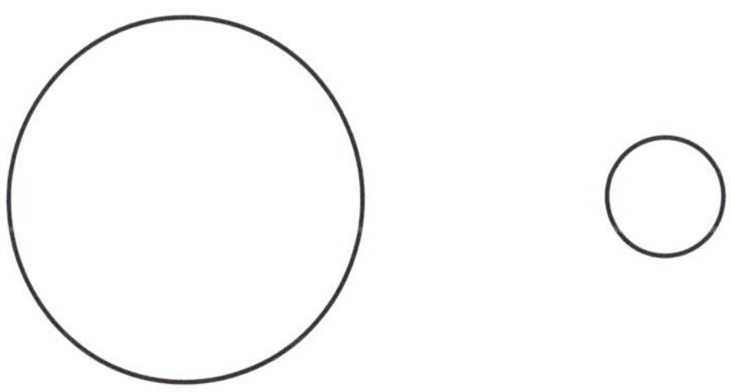

Maßstab ____ : ____

c) In welchem Maßstab wurde vergrößert?

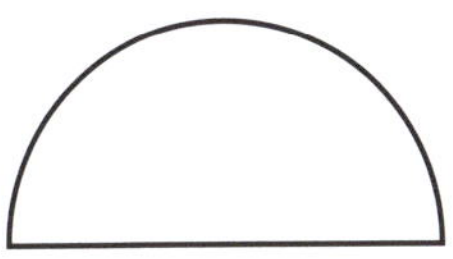

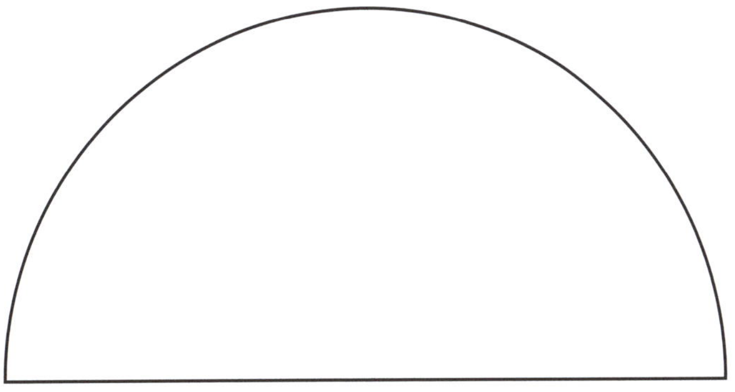

Maßstab ____ : ____

► SB 67

Name: Datum:

Der Maßstab: vergrößern und verkleinern

① Zeichne im angegebenen Maßstab.

a)
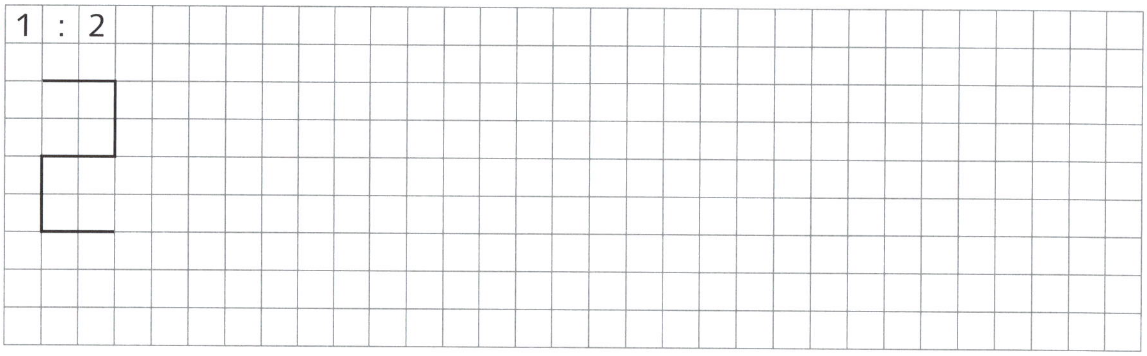

b)
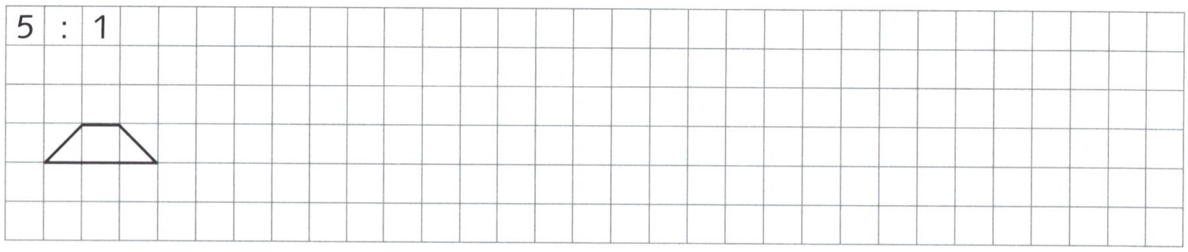

c)
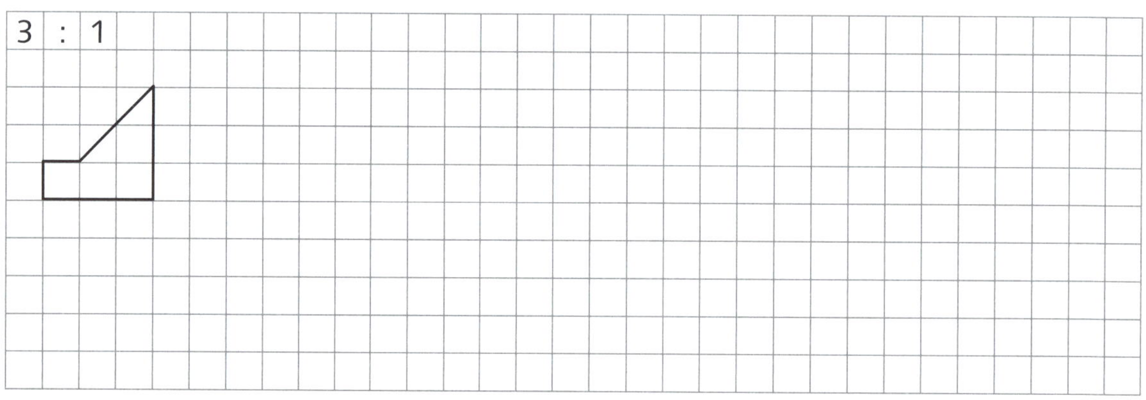

d)
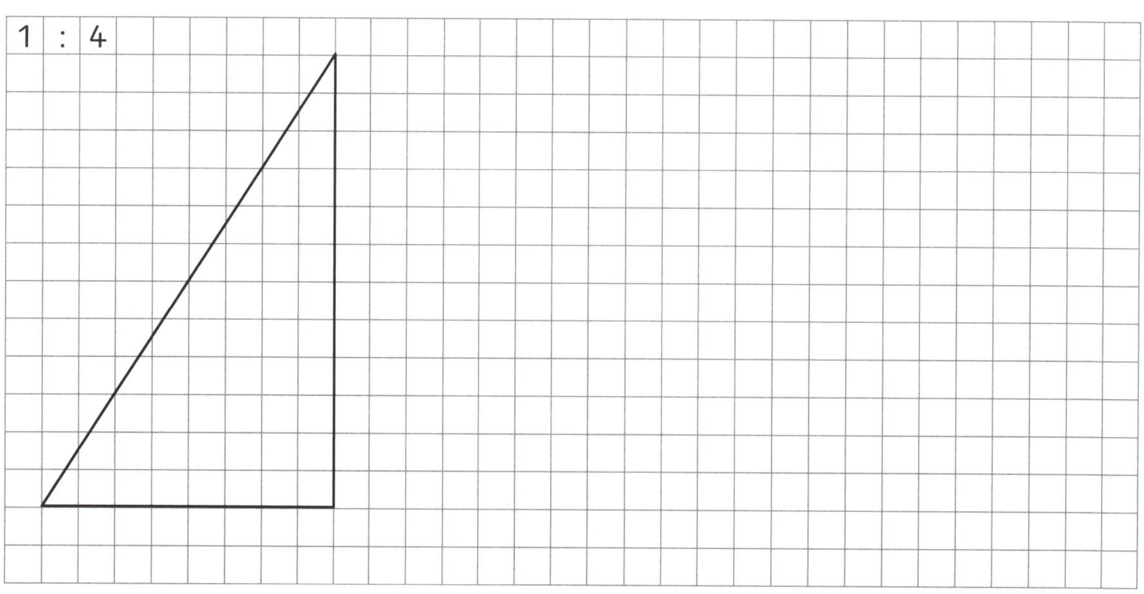

► SB 67

Name: Datum:

Grundrisse

① Zeichne im Maßstab 1 : 100.

a) Tisch: 2 m lang, 1 m breit

b) Schrank: 4 m lang, 60 cm tief

c) Bett: 2 m lang, 80 cm breit

d) Bücherregal: 2 m lang, 40 cm tief

② Auf einer Karte sollen im angegebenen Maßstab folgende Strecken eingetragen werden. Wie lang sind diese Strecken?

a) Maßstab 1 : 10 000: Wanderrundweg 3 km ____________

b) Maßstab 1 : 200 000: Fahrradtour 40 km ____________

c) Maßstab 1 : 100 000: Seeuferweg 8 km ____________

d) Maßstab 1 : 250 000: Höhenwanderweg 5 km ____________

e) Maßstab 1 : 500 000: Schnellstraße 15 km ____________

▸ SB 68/69

Name: Datum:

Grundrisse

① Zeichne im Maßstab 1 : 200.

a) Tisch: 2,20 m lang, 1 m breit

b) Schrank: 4,60 m lang, 60 cm tief

c) Bett: 2 m lang, 1,80 m breit

d) Bücherregal: 3,60 m lang, 40 cm tief

② Auf einer Karte sollen im angegebenen Maßstab folgende Strecken eingetragen werden. Wie lang sind diese Strecken?

a) Maßstab 1 : 125 000: Fahrradtour 35 km ____________________

b) Maßstab 1 : 50 000: Wanderweg 4 km ____________________

c) Maßstab 1 : 100 000: Seeuferweg 10 km 200 m ____________________

d) Maßstab 1 : 125 000: Schnellstraße 28 km 500 m ____________________

e) Maßstab 1 : 250 000: Landstraße 27 km 250 m ____________________

▸SB 68/69

Name: Datum:

Stadtplan

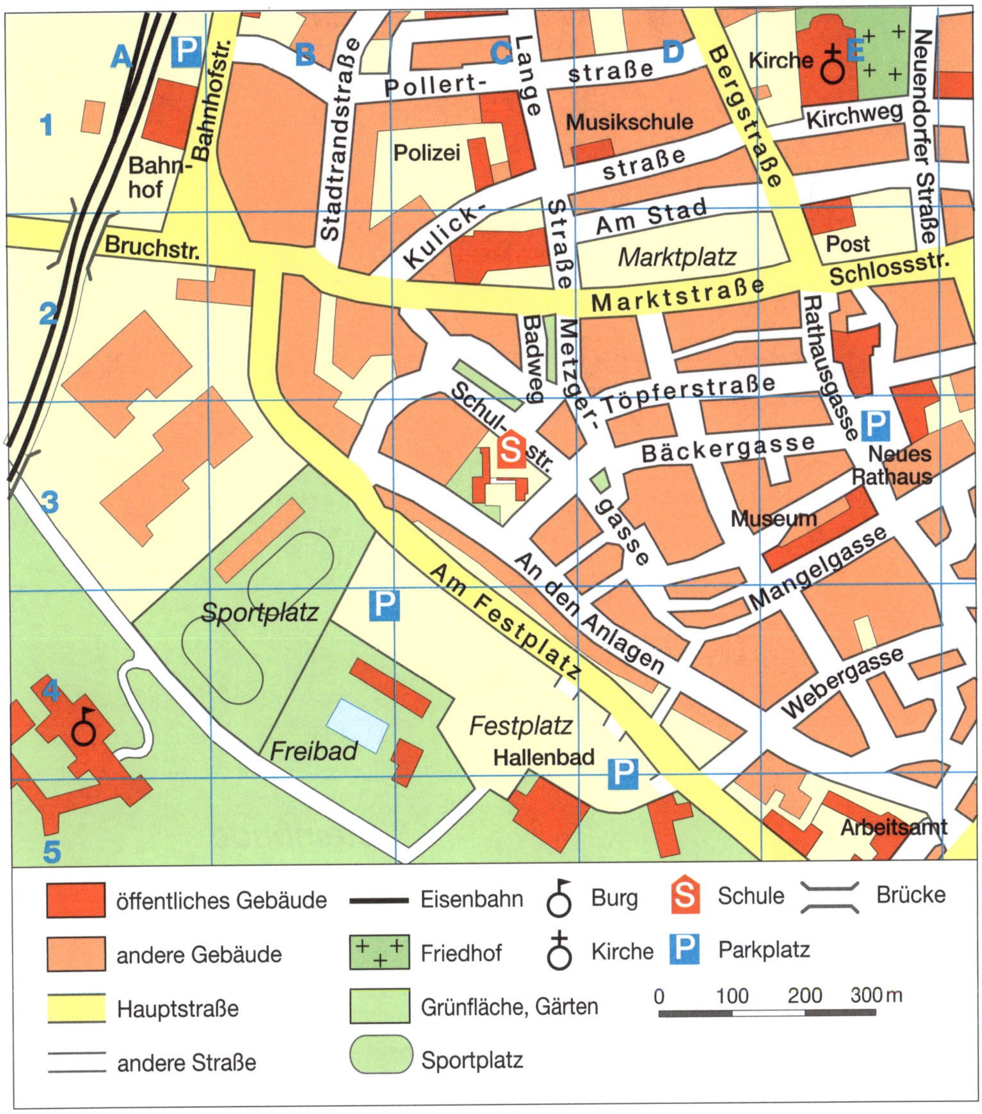

① Was findest du im Planquadrat?

a) C5 ______________________ b) E1 ______________________

c) C1 ______________________ d) A1 ______________________

e) E3 ______________________ f) B4 ______________________

g) D2 ______________________ h) C3 ______________________

② Beschreibe den Weg vom Bahnhof zur Polizei: ______________________

____

____

____

____

▸SB 70

Name: Datum:

Stadtplan

① Auf welchen Planquadraten liegt

a) die St. Hedwig-Kirche? ______

b) das Denkmal? ______

c) die Schule? ______

d) der Friedhof? ______

e) die Windmühle? ______

f) die Touristinformation? ______

g) der Kindergarten? ______

h) der Minigolfplatz? ______

② Beschreibe den Weg von der Touristinformation zur Petruskirche:

______

______

______

► SB 70

Name: Datum:

Zeitspannen

① Zugfahrplan von Mannheim nach Bremen

	Mannheim						Bremen
	Ab	Zug	An	Umsteigen	Ab	Zug	An
1. Verbindung	10.36	ICE 612	13.21	Dortmund	13.25	IC 2226	15.15
2. Verbindung	10.39	IC 2218	—	—	—	—	16.14
3. Verbindung	11.16	ICE 76	14.17	Hannover	14.45	IC 2038	15.50
4. Verbindung	11.36	ICE 200	13.05	Köln	13.10	IC 2218	16.14
5. Verbindung	12.36	ICE 610	15.21	Dortmund	15.25	IC 2024	17.14
6. Verbindung	12.39	IC 2312	—	—	—	—	18.14

a) Welche Haltestellen zum Umsteigen kann man an dem Fahrplan ablesen?

____

b) Welcher Zug fährt um 11.16 Uhr in Mannheim los und wo muss man umsteigen?

____

c) In welchen Zug muss man um 13.10 Uhr von Köln nach Bremen einsteigen?

____

d) Wenn man um 16.30 Uhr in Bremen sein muss,
welchen Zug sollte man ab Mannheim nehmen? ______________

e) Wie lange dauern die Fahrten?

1. Verbindung ______________ 2. Verbindung ______________

3. Verbindung ______________ 4. Verbindung ______________

5. Verbindung ______________ 6. Verbindung ______________

f) Welcher Zug kommt um 13.05 Uhr in Köln an? ______________

g) Welcher Zug kommt um 17.14 Uhr in Bremen an? ______________

② Mia fährt oft mit dem Bus zu ihrer Freundin.
Zur Haltestelle geht sie 10 Minuten, der Bus braucht 20 Minuten.
Danach geht sie noch mal 12 Minuten bis zu dem Haus ihrer Freundin.

	Uhr					
Sie geht von zu Hause los um:						
Sie nimmt den Bus um:	10.15	11.30	14.10	15.20	16.50	17.10
Sie kommt bei ihrer Freundin an um:						

▸ SB 72

Name: Datum:

Zeitspannen

① Zugfahrplan von Mannheim nach Bremen

	Mannheim						Bremen
	Ab	Zug	An	Umsteigen	Ab	Zug	An
1. Verbindung	10.36	ICE 612	13.21	Dortmund	13.25	IC 2226	15.15
2. Verbindung	10.39	IC 2218	—	—	—	—	16.14
3. Verbindung	11.16	ICE 76	14.17	Hannover	14.45	IC 2038	15.50
4. Verbindung	11.36	ICE 200	13.05	Köln	13.10	IC 2218	16.14
5. Verbindung	12.36	ICE 610	15.21	Dortmund	15.25	IC 2024	17.14
6. Verbindung	12.39	IC 2312	—	—	—	—	18.14

a) Welches ist die schnellste Verbindung von Mannheim nach Bremen?

____

b) Wie geht der Fahrplan weiter? Schreibe die nächsten 4 Verbindungen auf.

Ab	Zug	An	Umsteigen	Ab	Zug	An

② Mia fährt oft mit dem Bus zu ihrer Freundin.
Zur Haltestelle geht sie 15 Minuten, der Bus braucht 20 Minuten.
Danach geht sie noch mal 12 Minuten bis zu dem Haus ihrer Freundin.

	Uhr					
Sie geht von zu Hause los um:						
Sie nimmt den Bus um:	11.23	12.05	13.12	14.10	14.51	15.37
Sie kommt bei ihrer Freundin an um:						

③ Wie viele Tage hat das Freibad geöffnet? Berechne.
Die Freibadsaison beginnt am Montag, den 16.6. und endet am Sonntag, den 7.9.
Die Öffnungszeiten sind Mo.–Fr. 11–20 Uhr und am Wochenende 9–18 Uhr.
Im Durchschnitt hatte das Freibad 2 Tage pro Monat wegen schlechten Wetters geschlossen.

Das Freibad hat ______ Tage geöffnet.

►SB 72

Name: Datum:

Zeitleiste

① Wann wurden die Gegenstände erfunden? Verbinde.

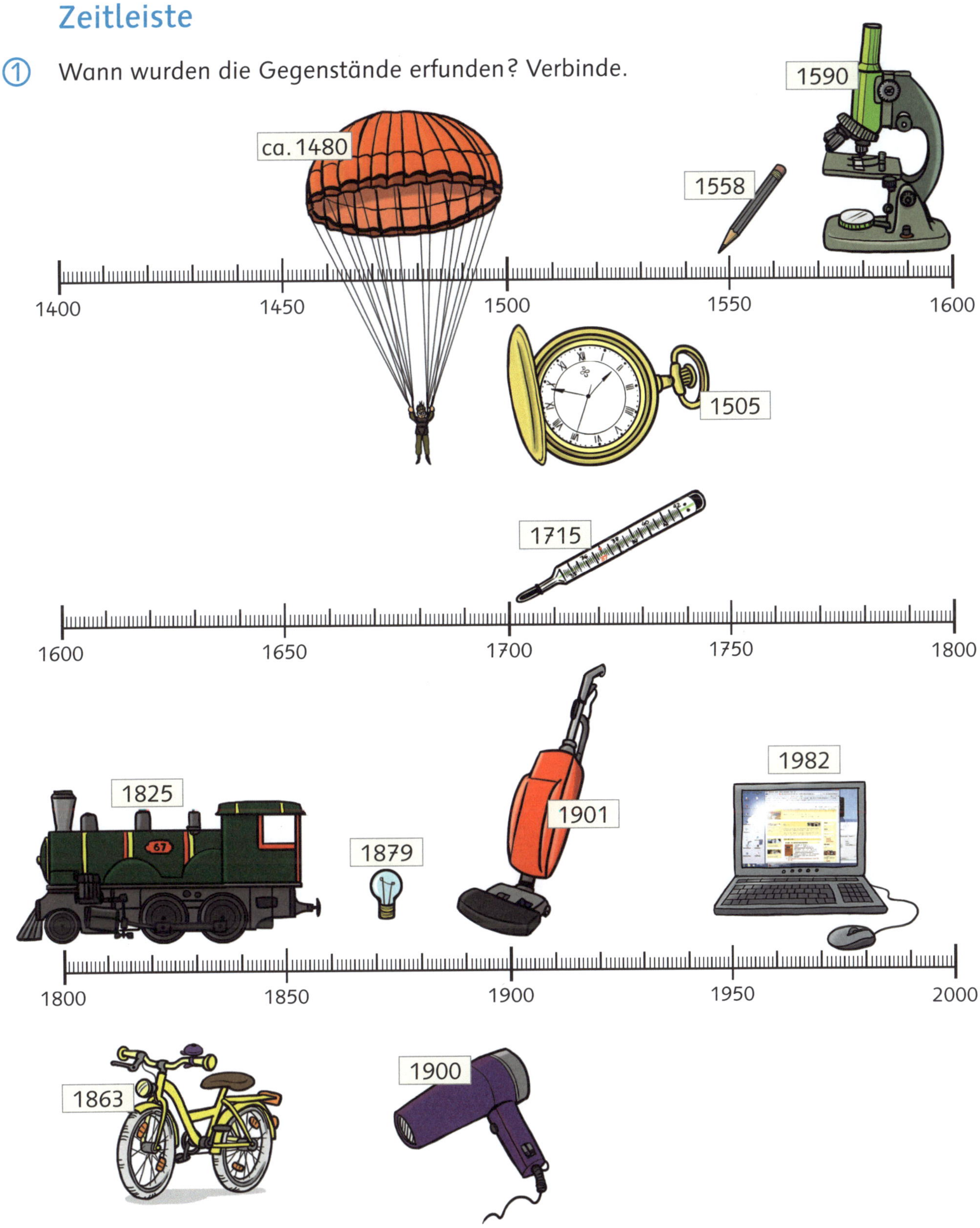

② Trage die folgenden Erfindungen auf der Zeitleiste ein.

A Fernrohr 1608

B Rechenschieber 1617

C Luftpumpe 1663

D Fernseher 1927

▸ SB 73

Name: Datum:

Zeitleiste

① Trage die Musikepoche in die Zeitleiste ein.

a) Mittelalter: 8.–14. Jahrhundert

b) Renaissance: 15.–16. Jahrhundert

c) Barock: 1600–1750

d) Wiener Klassik: 1780–1830

e) Romantik: 19. Jahrhundert

f) Neue Musik: 20./21. Jahrhundert

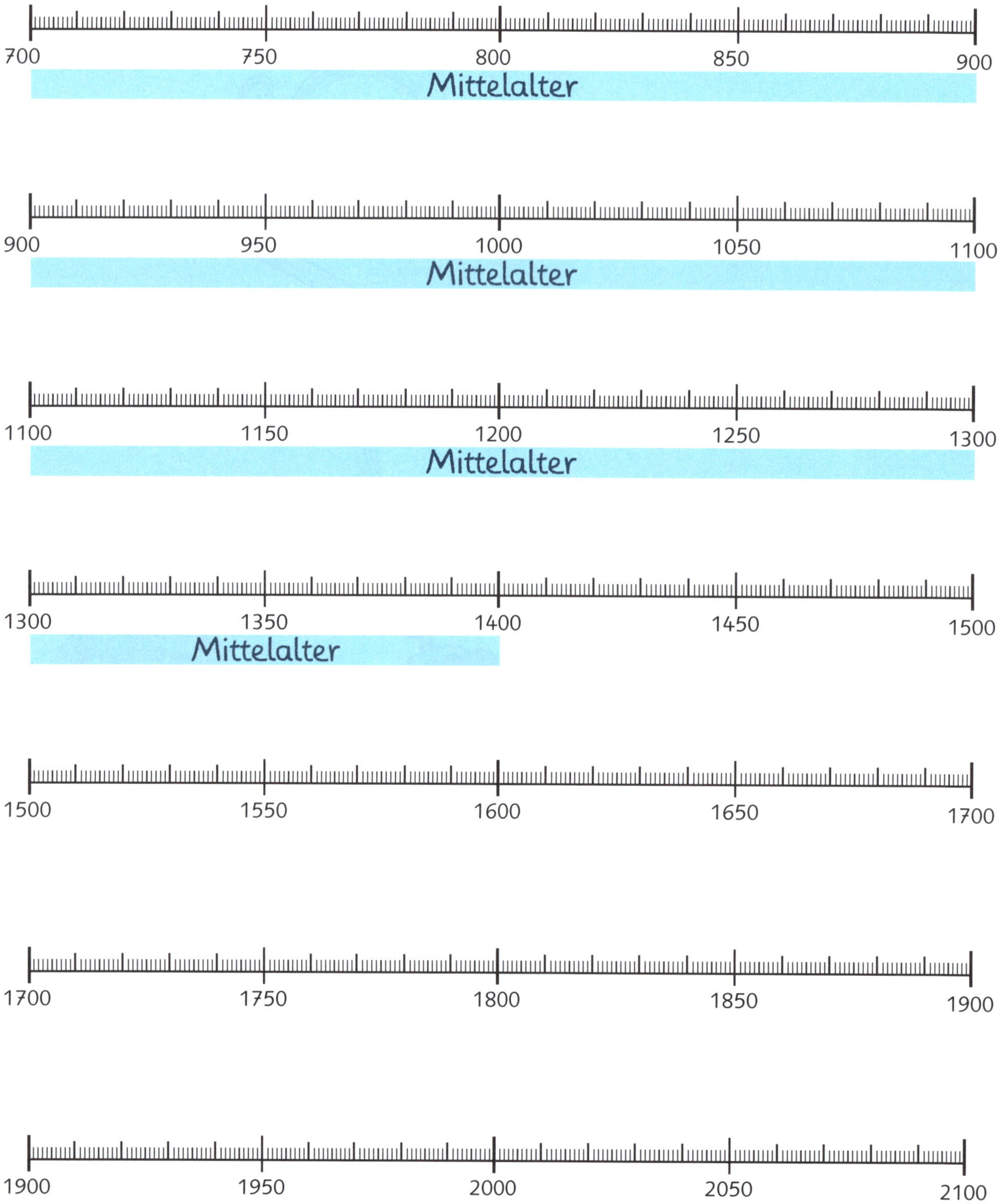

► SB 73

Name: Datum:

Schriftliche Multiplikation ohne Übertrag

① Vervollständige die Sätze.

	1	3	2	·	3	
		3	9	6		

396 | 3 mal 3 gleich 9 | 3 mal 1 gleich 3 | Multiplikationsaufgabe | 3 mal 2 gleich 6 | 6 | 3 | 9

Ich rechne zuerst ______________________. Ich schreibe ________.

Dann rechne ich ______________________. Ich schreibe ________.

Zum Schluss rechne ich ______________________. Ich schreibe ________.

Das Ergebnis der ______________________ 132 mal 3 heißt ________.

② Setze die Ziffern richtig ein.

a) 1 2 2 2 — · 4 — 8 8 8 4

b) 4 1 2 3 — · 2 — 2 8 4 6

c) 1 4 2 3 — · 2 — 8 4 2 6

d) 2 3 1 3 — · 3 — 9 9 3 6

e) 1 3 2 1 — · 2 — 2 4 6 2

f) 2 4 2 7 — · 0 — 0 0 0 0

g) 3 2 2 3 — · 3 — 6 9 9 6

h) 8 4 3 4 — · 1 — 4 3 2 8

i) 8 7 4 3 — · 0 — 0 0 0 0

j) 9 4 7 2 — · 1 — 9 7 4 2

k) 4 2 3 1 — · 2 — 2 4 8 6

l) 1 3 2 3 — · 3 — 9 9 6 3

③ Mit welcher Zahl wurde multipliziert?

a) 2 2 1 4 · ☐ — 4 4 2 8

b) 3 3 4 1 · ☐ — 6 6 8 2

c) 4 7 9 3 · ☐ — 0 0 0 0

d) 5 7 4 2 · ☐ — 5 7 4 2

e) 2 4 3 1 · ☐ — 4 8 6 2

f) 2 7 3 4 · ☐ — 2 7 3 4

g) 9 4 7 8 · ☐ — 9 4 7 8

h) 9 4 8 1 · ☐ — 0 0 0 0

► SB 76

Name: Datum:

Schriftliche Multiplikation ohne Übertrag

① Multipliziere schriftlich.
Schreibe deinen Rechenweg auf.

3124 · 2

② Rechne und vergleiche die halbschriftliche und die schriftliche Multiplikation.

halbschriftlich
23414 · 2 =
20000 · 2 =
3000 · 2 =
400 · 2 =
10 · 2 =
4 · 2 =

schriftlich
23414 · 2

▸SB 76

Name: Datum:

Schriftliche Multiplikation mit Übertrag

① a) Verbinde Aufgabe und Ergebnis, ohne zu rechnen.
Verbinde mit der Begründung.

Aufgabe	Ergebnis	Begründung
27531 · 7	192717	4 mal 9 gleich 36
19482 · 6	138276	5 mal 7 gleich 35
83427 · 5	116892	7 mal 1 gleich 7
34569 · 4	525348	6 mal 2 gleich 12
58372 · 9	417135	9 mal 2 gleich 18
68341 · 8	546728	8 mal 1 gleich 8

b) Überprüfe durch schriftliche Multiplikation.

▸SB 77

Name: Datum:

Schriftliche Multiplikation mit Übertrag

① Erkläre die mathematischen Begriffe. Verbinde.

multiplizieren	plus rechnen
das Produkt	minus rechnen
addieren	malnehmen
subtrahieren	das Ergebnis einer Malaufgabe
die Differenz	das Ergebnis einer Plusaufgabe
die Summe	das Ergebnis einer Minusaufgabe

② a) Schreibe das Zahlenrätsel mit den mathematischen Begriffen auf.

Zuerst rechne ich die beiden Zahlen 27 und 438 zusammen. Dann nehme ich das Ergebnis dieser Plusaufgabe mit 37 mal. Zum Schluss rechne ich noch 5342 minus.

b) Rechne die Aufgabe.

▸ SB 77

Name: Datum:

Schriftliche Multiplikation mit mehrstelligen Zahlen

① Rechne die Aufgabe.
Vervollständige die Sätze.

2 4 7 8 · 6 7

0 | 4 | 8 | 4 | 24 | 4 | 42 | 6 | 4 | 8 | 2 | 7

2478 | 12 | 2 | 14 | 166026

6 mal 2 gleich 12 | Multiplikationsaufgabe | 6 mal 4 gleich 24

6 mal 7 gleich 42 | 6 mal 8 gleich 48 | addiere

Zuerst schreibe ich eine ______.

Dann multipliziere ich ______________________.

Ich schreibe _____ und merke mir die _____.

Jetzt multipliziere ich ______________________.

Zu der _______ addiere ich die gemerkte _____. 42 plus 4 gleich 46.

Ich schreibe _______ und merke mir die _______.

Nun multipliziere ich ______________________.

Zu der _____ addiere ich die gemerkte _____. 24 plus 4 gleich 28.

Ich schreibe _____ und merke mir die _____.

Jetzt multipliziere ich ______________________.

Zu der _____ addiere ich die gemerkte _____. 12 plus 2 gleich 14.

Ich schreibe _____.

In der zweiten Zeile multipliziere ich auf die gleiche Weise _________

mit der _____.

Zum Schluss __________________ ich die beiden Zahlen.

Das Ergebnis der ___________________________ 2478 mal 67 heißt ____________.

▸SB 78/79

Name: Datum:

Schriftliche Multiplikation mit mehrstelligen Zahlen

① Multipliziere schriftlich.
Schreibe deinen Rechenweg mit den mathematischen Begriffen auf.

$147 \cdot 203$

② Jedes Zeichen steht für eine Zahl. Finde die Zahlen und rechne.

a)
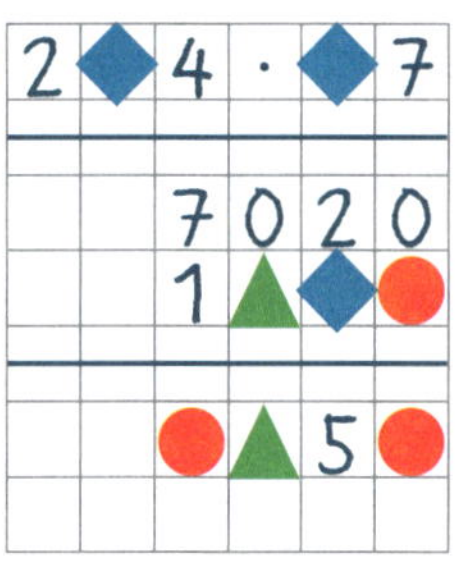

b)
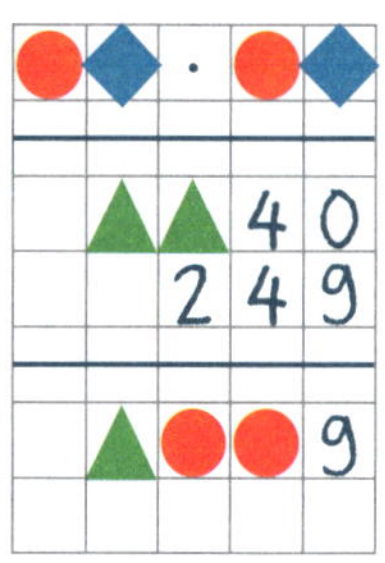

► SB 78/79

Name: Datum:

Überschlag

① Rechne die Rechenmauern mit Multiplikationsaufgaben.
Setze die fehlenden Zahlen ein. Der Überschlag hilft dir.
Überprüfe durch schriftliche Multiplikation.

a) 3 | 4 | 12 | 36 | 24

288 | 432 | 124416

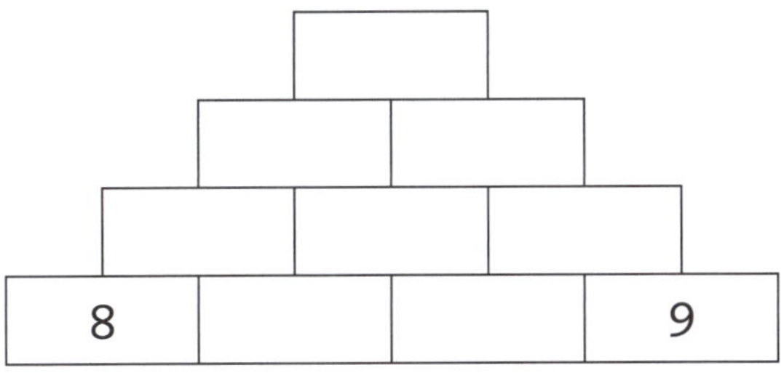

b) 4 | 5 | 5 | 3 | 187500

25 | 15 | 500 | 375

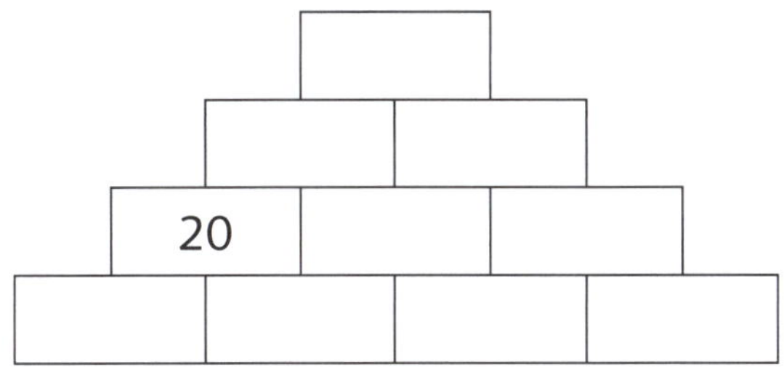

c) 7 | 9 | 3 | 6 | 18

63 | 1701 | 486 | 826686

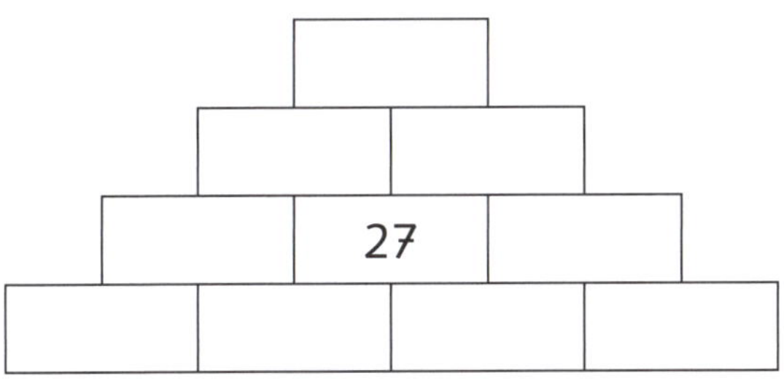

d) 20 | 2 | 320 | 128 | 4

4 | 5 | 8 | 16

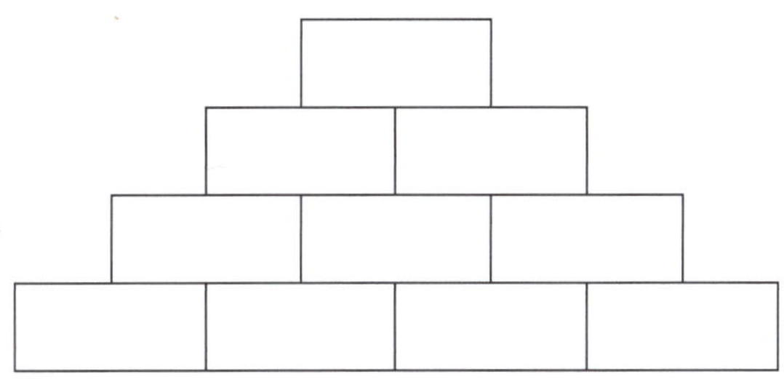

Name: Datum:

Überschlag

Multiplikationsaufgabe	Überschlag	Vermutung
324 · 27	Ü: 300 · 30 = 9000	Das Ergebnis muss 4 Stellen haben und kleiner als 9000 sein.

3	2	4	·	2	7	
		6	4	8	0	
		2	2	6	8	
			1			
		8	7	4	8	

① Finde Multiplikationsaufgaben.
Mache einen Überschlag. Stelle Vermutungen an. Rechne schriftlich.

7 8 43 36 27 51 640 208 324

127 391 256 523 702 414 678

▸ SB 80

Name: Datum:

Im Kopf oder schriftlich?

① Verbinde die Aufgaben mit dem Rechenweg und rechne.

a) 3 400 · 2 = ______	Ich rechne 5 mal 1 000 minus 5 mal 1.
b) 2 478 · 10 = ______	Ich rechne 6 mal 2 000 minus 6 mal 10.
c) 5 · 999 = ______	Ich rechne einfach mal 10.
d) 6 · 1 990 = ______	Ich rechne 3 000 mal 2 plus 400 mal 2.
e) 3 · 3 002 = ______	Ich rechne 3 mal 3 000 plus 3 mal 2.
f) 478 · 100 = ______	Ich rechne 5 mal 6 000 minus 5 mal 1.
g) 7 · 2 990 = ______	Ich rechne 8 mal 4 000 plus 8 mal 20.
h) 8 · 4 020 = ______	Ich rechne 3 mal 1 000 plus 3 mal 100 plus 3 mal 10 plus 3 mal 1.
i) 3 · 1 111 = ______	Ich rechne 2 000 mal 5 plus 1 mal 5.
j) 5 · 5 999 = ______	Ich rechne 7 mal 3 000 minus 7 mal 10.
k) 2 001 · 5 = ______	Ich rechne einfach mal 100.

▸SB 81

Name: Datum:

Im Kopf oder schriftlich?

① Rechne im Kopf und schreibe deinen Rechenweg auf.

a) 3 300 · 4 = ______

b) 6 · 3 990 = ______

c) 2 002 · 2 = ______

d) 1 111 · 5 = ______

e) 7 · 4 999 = ______

f) 1 050 · 5 = ______

g) 6 · 8 000 = ______

h) 10 · 9 347 = ______

i) 8 · 4 004 = ______

j) 3 · 999 = ______

► SB 81

Name: Datum:

Kilogramm und Gramm

① Fülle fünf gleiche Becher mit Sand oder Steinen.

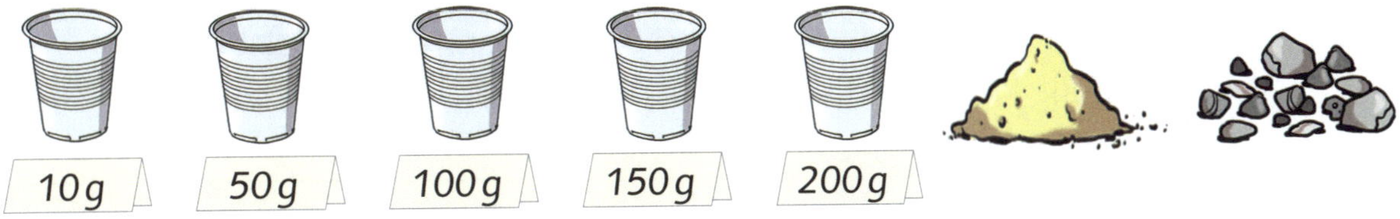

a) Versuche zuerst, das Gewicht ohne eine Waage abzuschätzen.
Vergleiche dann mit einem Partner.
Überprüfe zum Schluss mit einer Waage.

b) Finde Gegenstände, die ungefähr so schwer sind wie die gefüllten Becher.
Schätze zuerst. Du darfst das Gewicht der Gegenstände mit den Bechern vergleichen.

10 g	50 g	100 g	150 g	200 g

c) Vergleiche mit einem Partner.
Überprüft zum Schluss mit einer Waage.

② Immer 1 kg.

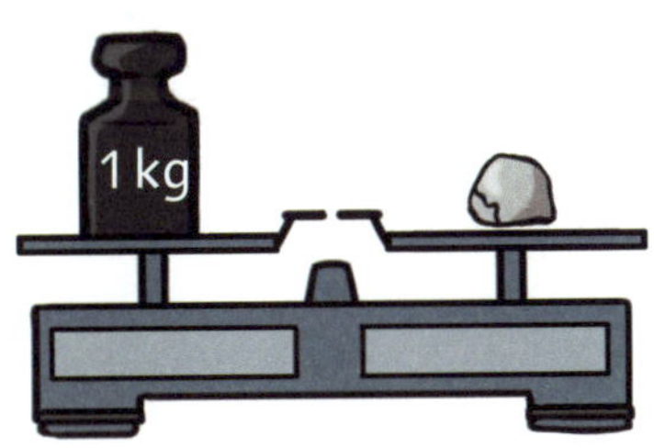

a) Wie viele Steine brauchst du, damit die Waage im Gleichgewicht ist?
Vermute zuerst und überprüfe dann mit einer Waage.

____

____

b) Finde weitere Gegenstände, die zusammen 1 Kilogramm wiegen.

____

____

____

► SB 86

Name: Datum:

Kilogramm und Gramm

① Stelle dir vor, du füllst verschiedene Gefäße mit Sand.

100 g | 1 kg | 10 kg | 100 kg

a) Welche Gefäße könntest du benutzen?

100 g Sand passen in ______________________________.

1 kg Sand ______________________________.

10 kg Sand ______________________________.

100 kg Sand ______________________________.

b) Beschreibe, wie du zu der Lösung gekommen bist.

____

____

____

____

____

c) Vergleiche mit einem Partner.

② Immer 1 kg.

Wie viele brauchst du, damit die Waage im Gleichgewicht ist?

a) Gummibärchen: ______________________

b) Streichhölzer: ______________________

c) Vergleiche mit einem Partner.

► SB 86

Name: Datum:

Tonne und Kilogramm

① Schreibe als Kommazahl und ordne die Gewichte in der Tabelle.
Beginne mit dem leichtesten Gewicht.

10 t	1 t	,	100 kg	10 kg	1 kg	
		,				____
		,				____
		,				____
		,				____
		,				____
		,				____

6 t 75 kg

12 030 kg

6 320 kg

12 t 3 kg

② Male gleiche Gewichte in der gleichen Farbe an.

5 t 37 kg | 6 050 kg | 5 037 kg | 6 t 500 kg

sechs Komma fünf fünf Tonnen | 6 500 kg | sechs Komma null fünf Tonnen

6 t 50 kg | fünf Komma null drei sieben Tonnen

6 t 550 kg | sechs Komma fünf Tonnen | 6 550 kg

③ Schreibe als Kommazahl in Tonnen.

a) 12 t 75 kg = ____
1 t 275 kg = ____
12 t 750 kg = ____
12 t 7 kg = ____

b) 15 730 kg = ____
15 073 kg = ____
1 573 kg = ____
157 kg = ____

④ Vergleiche die Gewichtsangaben. Setze ⓧ<, ⓧ> oder ⓧ= ein.

a) 6 700 kg ◯ 6 t 7 kg
6 070 kg ◯ 6 t 70 kg
6 007 kg ◯ 6 t 700 kg
60 700 kg ◯ 60 t 70 kg

b) 3,8 t ◯ 3 t 8 kg
3,83 t ◯ 3 t 83 kg
3,838 t ◯ 3 t 838 kg
3,08 t ◯ 3 t 800 kg

c) 750 kg ◯ 0,75 t
80 kg ◯ 0,8 t
808 kg ◯ 0,88 t
88 kg ◯ 0,88 t

▸SB 87

Tonne und Kilogramm

①

Kann das stimmen?
Bearbeite die Aufgabe schrittweise.

Frage finden

Vermuten

Informationen sammeln

Hilfsfragen

Lösung

Überprüfen

▸SB 87

Name: Datum:

Altpapier

① Die Kinder der Klasse 4a haben ihr Altpapier eine Woche lang jeden Tag gewogen.

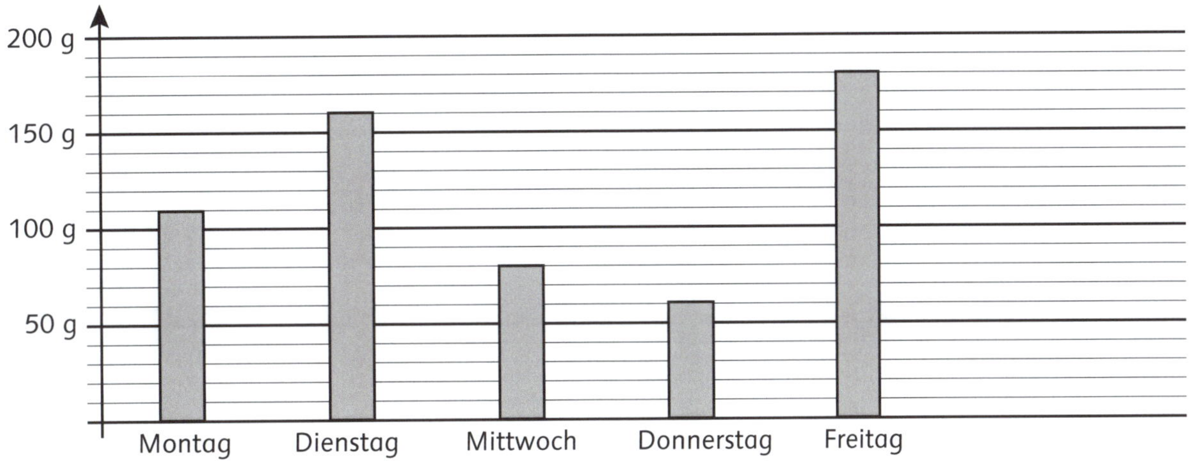

a) Schreibe die Daten aus dem Diagramm in die Tabelle.

Montag	Dienstag	Mittwoch	Donnerstag	Freitag

b) Berechne, wie viel Altpapier die Klasse in einer Woche gesammelt hat.

② Die Kinder der Klasse 4b haben auch ihr Altpapier gesammelt.

Montag	Dienstag	Mittwoch	Donnerstag	Freitag
120 g	80 g	170 g		90 g

a) Insgesamt hat die Klasse 590 g Altpapier gesammelt.
Wie viel Altpapier wurde am Donnerstag gesammelt?

b) Erstelle eine Diagramm.

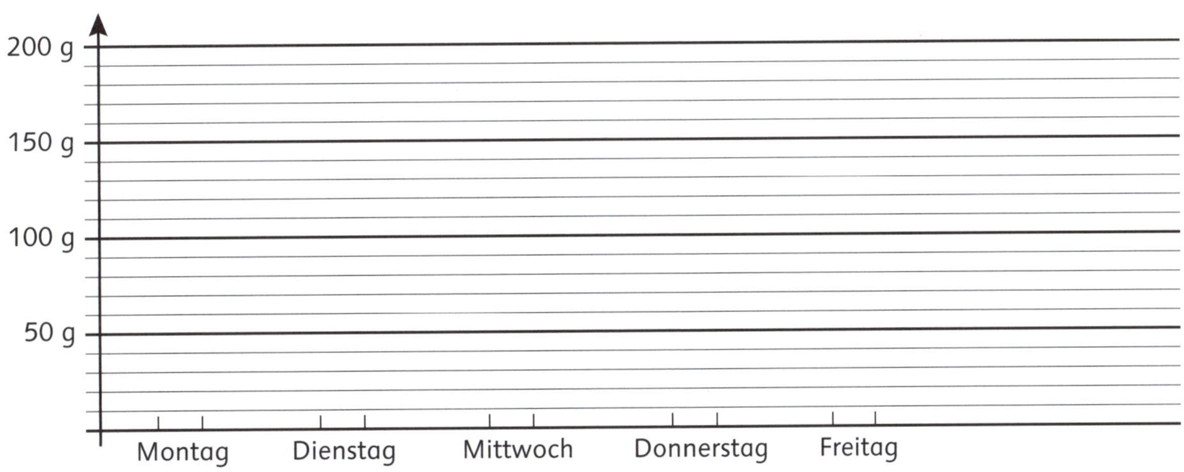

▸ SB 88/89

Name: Datum:

Altpapier

① Die Kinder der Klasse 4 a haben ihr Altpapier eine Woche lang jeden Tag gewogen.

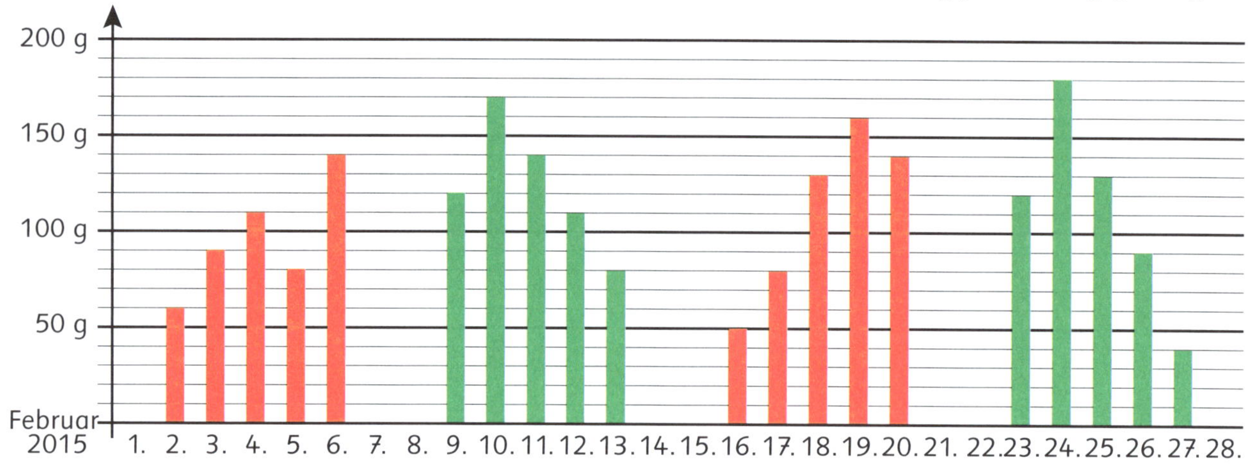

a) Schreibe die Daten aus dem Diagramm in die Tabelle.

	Montag	Dienstag	Mittwoch	Donnerstag	Freitag	Gesamt
1. Woche						
2. Woche						
3. Woche						
4. Woche						

b) Berechne, wie viel Altpapier die Klasse in diesem Monat gesammelt hat.

② a) Wie viel Altpapier sammelt die Klasse ungefähr in 12 Wochen?

b) Wie viel Altpapier sammelt die Klasse ungefähr in einem Schuljahr?

▸ SB 88/89

Name: Datum:

Mehrfachspiegelungen

① Finde den Fehler und spiegele das Muster richtig.

a) b) c)

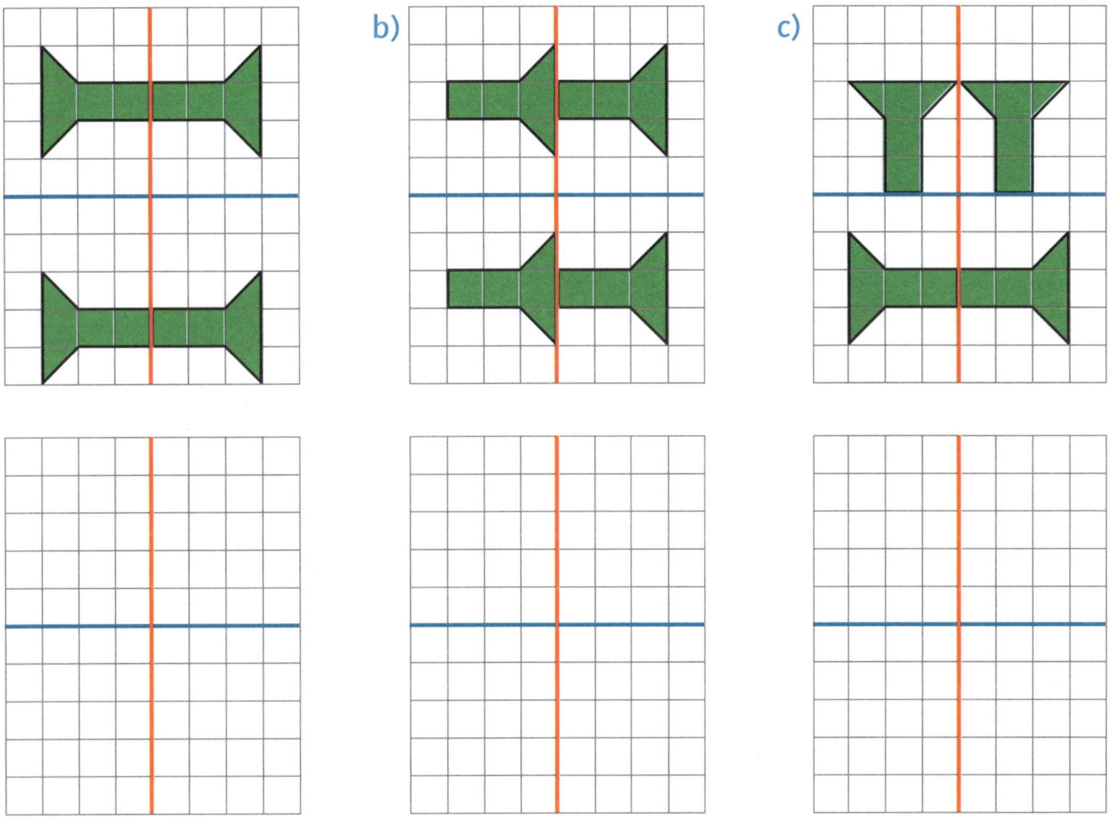

② Zeichne die Symmetrieachsen ein. Male das Muster symmetrisch an.

a) b) c)

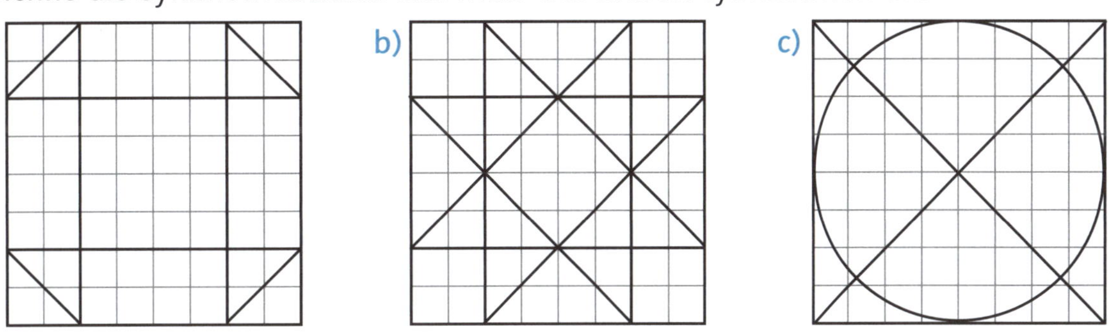

③ Zeichne das Muster weiter.

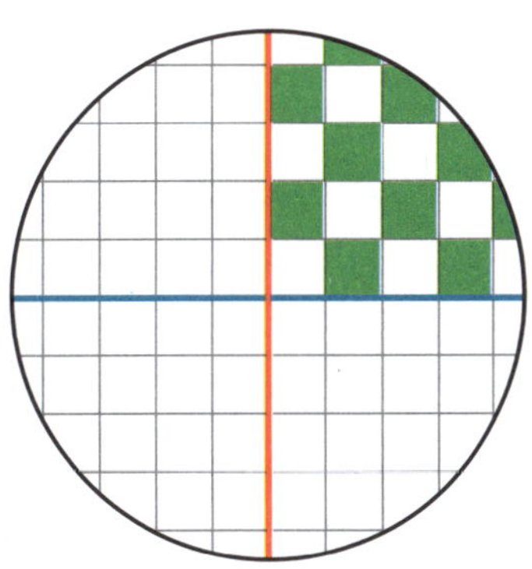

▸SB 92/93

Name: Datum:

Mehrfachspiegelungen

① Spiegele das Muster mehrfach.

a)

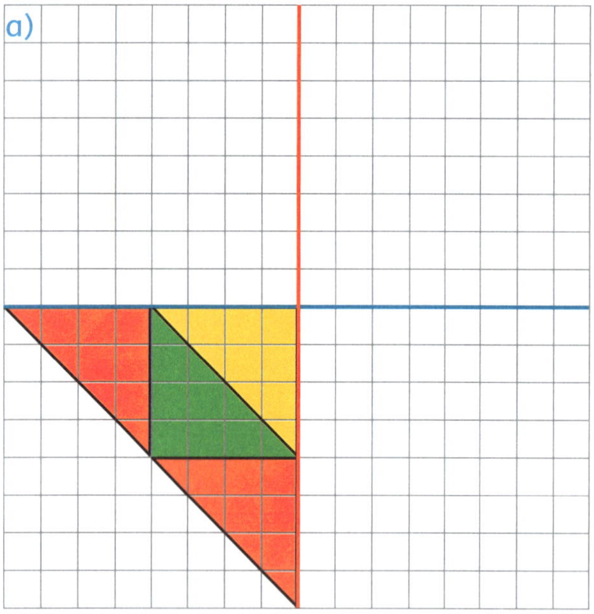

b)

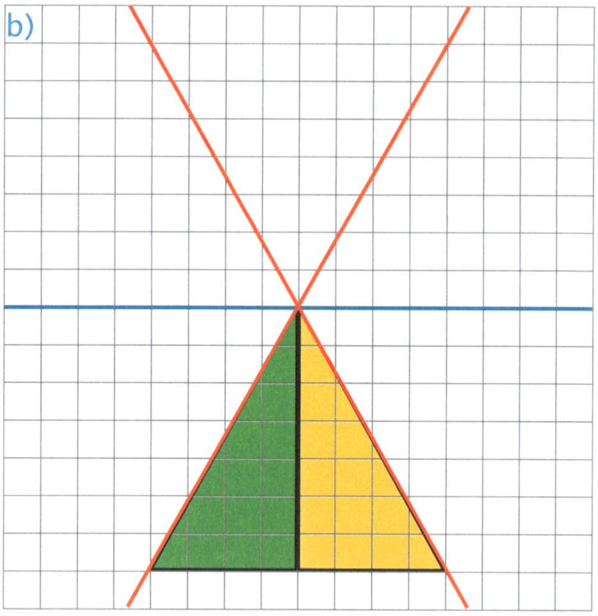

② Zeichne ein eigenes Muster. Spiegele das Muster mehrfach.

a)

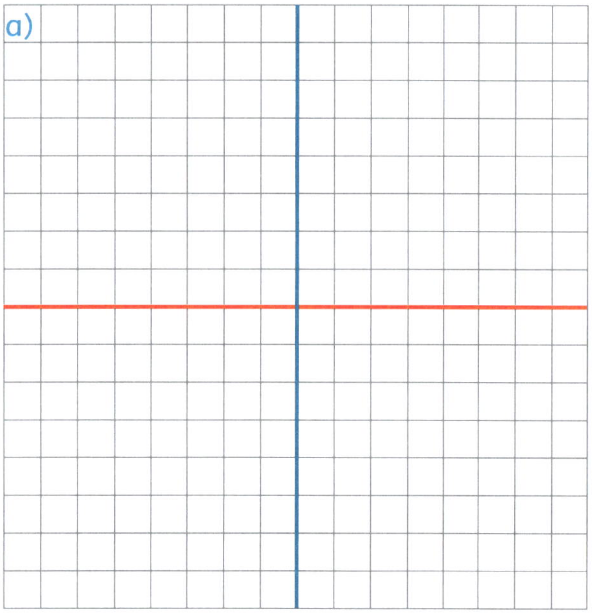

b)

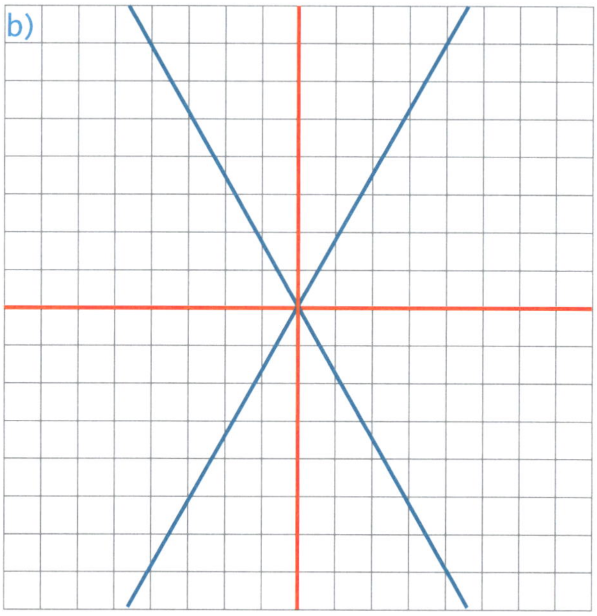

③ Welche Symmetrieachsen passen zum Muster? Kreuze an.

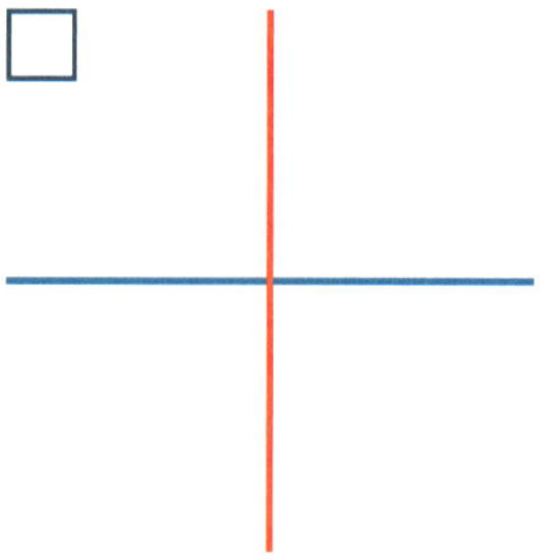

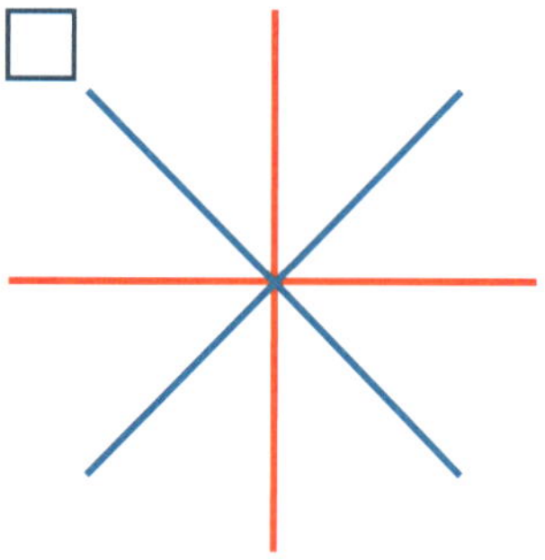

► SB 92/93

Name: Datum:

Drehsymmetrie

① Drehe die Ausgangsfigur. Wie geht es weiter? Kreuze an und drehe weiter.

a) die Ausgangsfigur

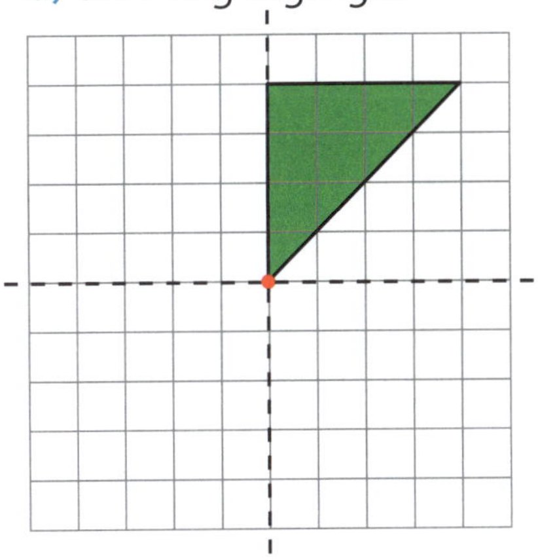

Wie geht es weiter? ☐

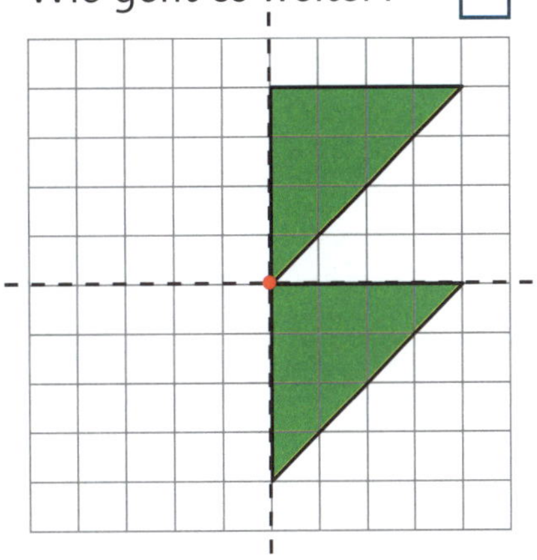

☐

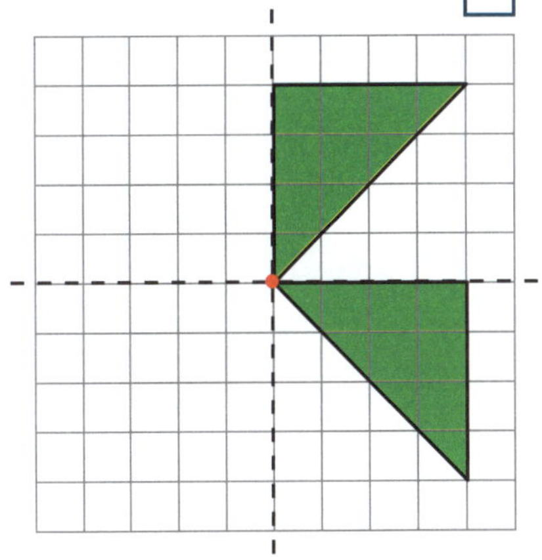

b) die Ausgangsfigur

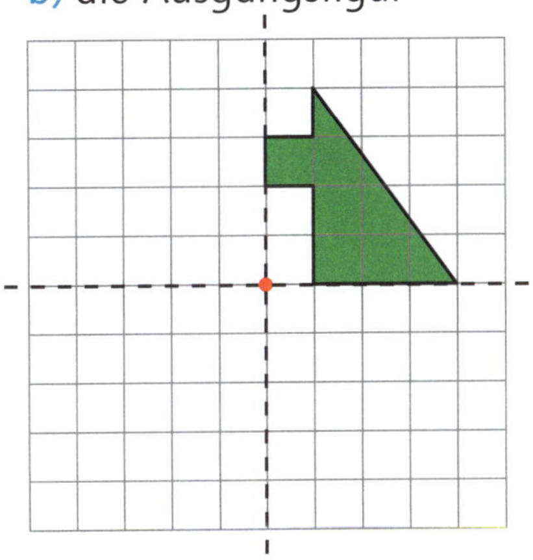

Wie geht es weiter? ☐

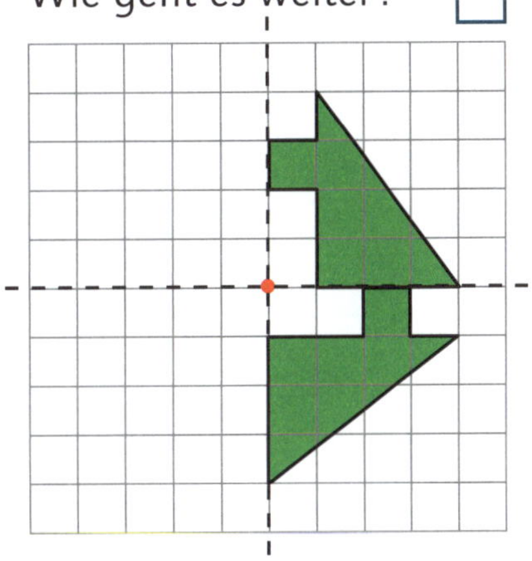

☐

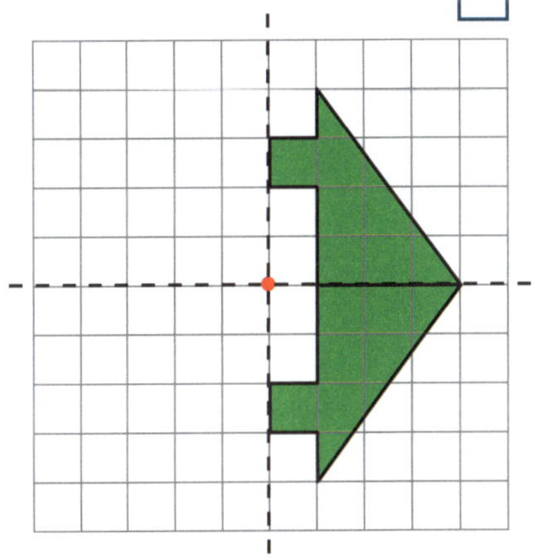

② Zeichne den Drehpunkt und die Hilfslinien ein.

a)

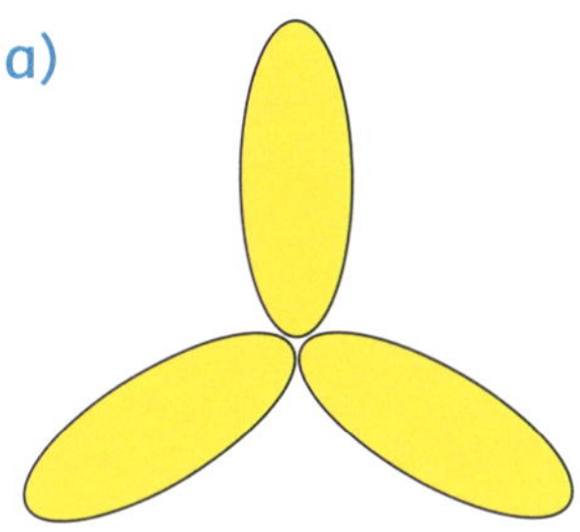

b)

c)

③ Kreuze den richtige Satz an.

Eine drehsymmetrische Figur hat mehrere Symmetrieachsen und einen Drehpunkt. ◯

Eine drehsymmetrische Figur hat nur eine Symmetrieachse und mehrere Drehpunkte. ◯

► SB 94/95

Name: Datum:

Drehsymmetrie

① Drehe die Ausgangsfigur.

a)

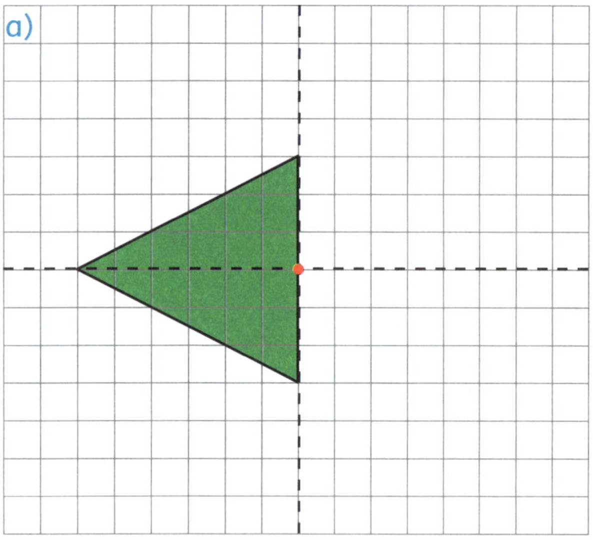

b)

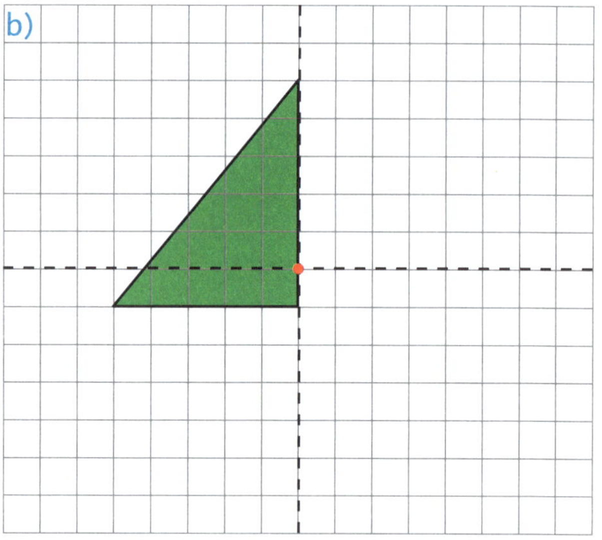

② Drehe die Ausgangsfigur.

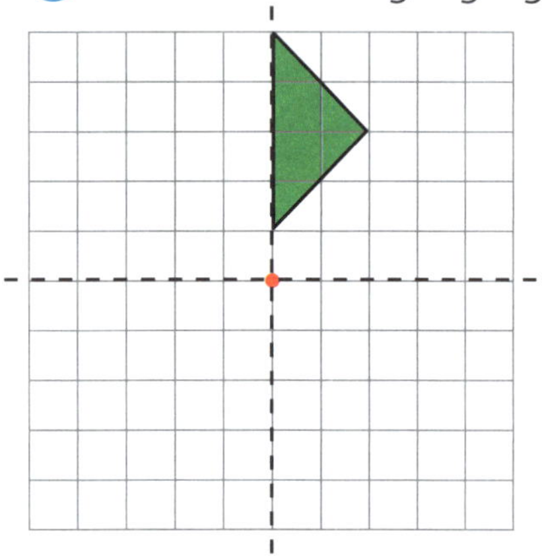

a)

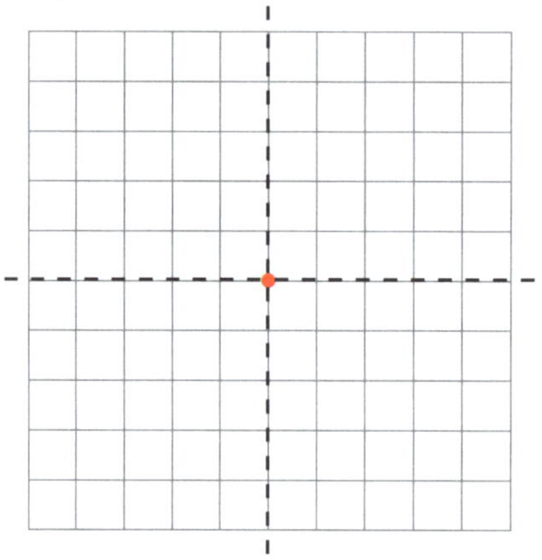

b)

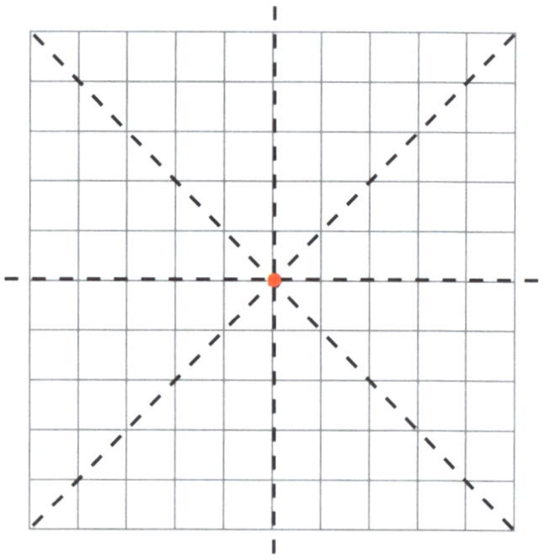

Beschreibe den Unterschied. ______________________________

____

③ Eine drehsymmetrische Figur kann auch achsensymmetrisch sein.
Ist die Figur achsensymmetrisch oder drehsymmetrisch oder sogar beides?

______________________________ ______________________________

▸ SB 94/95

Name: Datum:

Teile eines Ganzen – Brüche

① Welche Bruchteile sind es? Schreibe die Bruchzahl in jeden Bruchteil.

a) 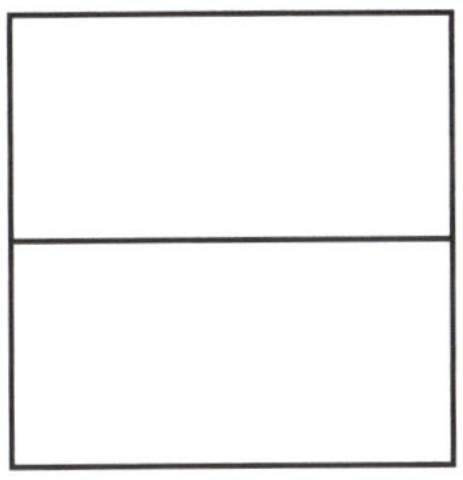

b) 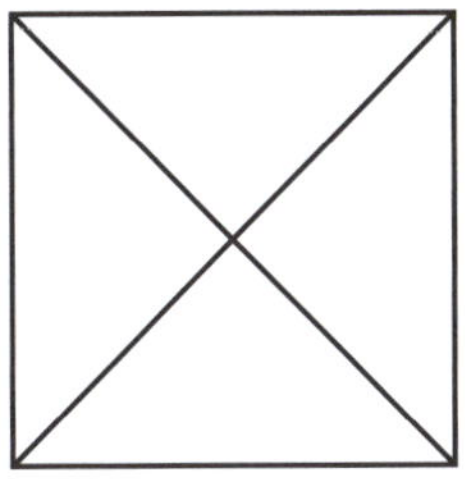

c) 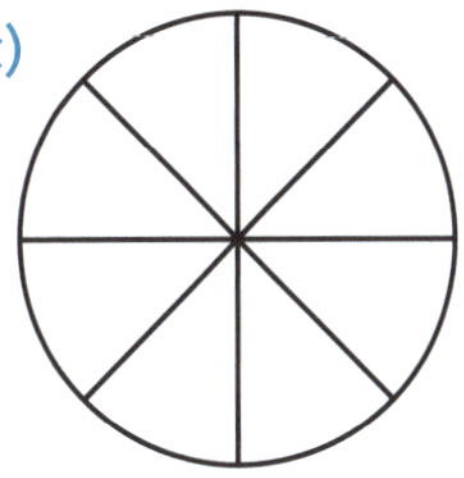

d) 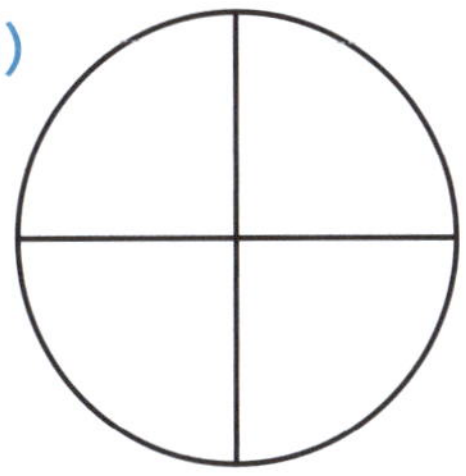

ein Viertel = $\frac{1}{4}$

ein Achtel = $\frac{1}{8}$

ein Halb = $\frac{1}{2}$

② Wie groß ist der Bruchteil?

a)  ___

b) 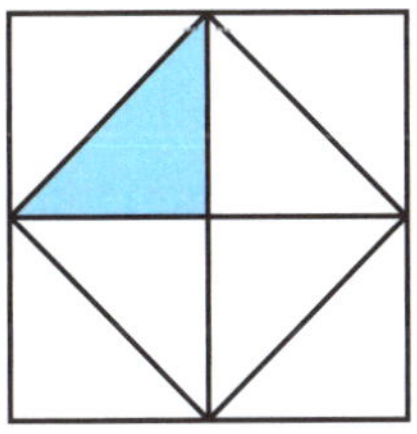 ___

c) 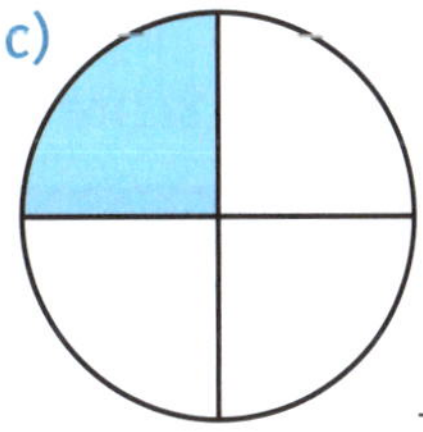 ___

d) 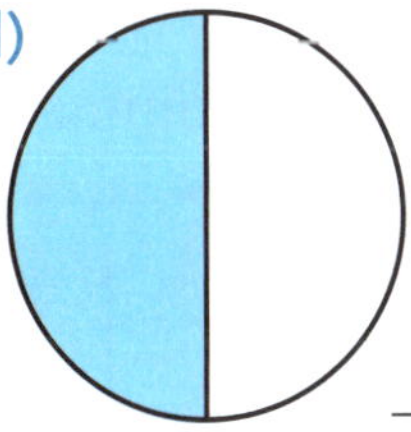 ___

e) 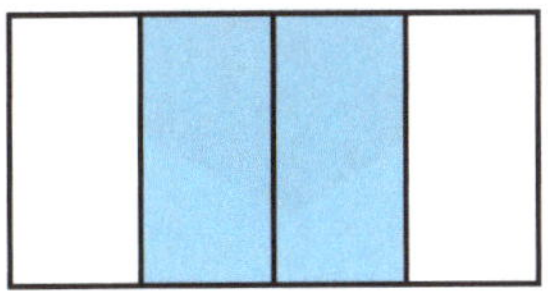 ___

f) 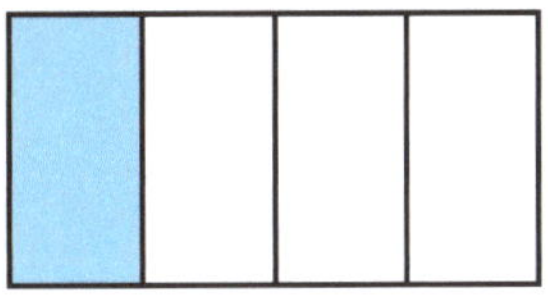 ___

g) 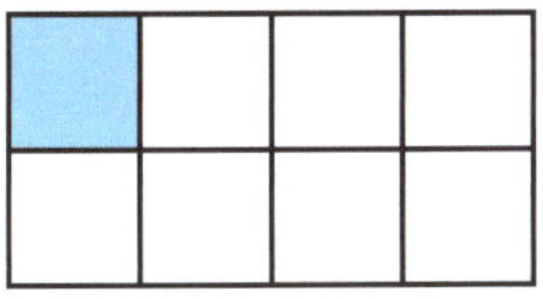 ___

③ Male immer $\frac{1}{4}$ an.

a) 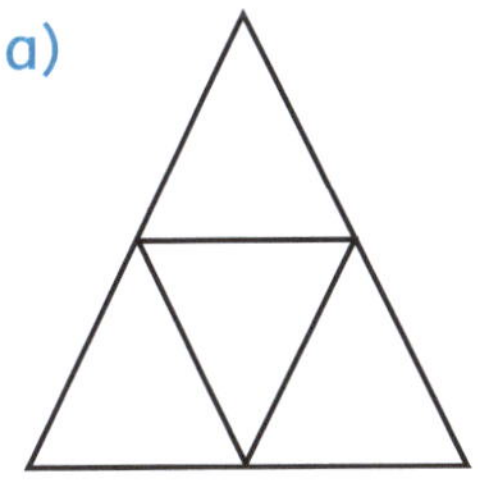

b) 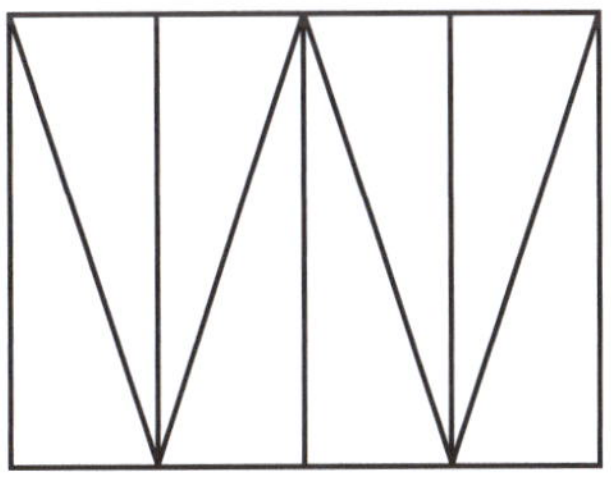

c) 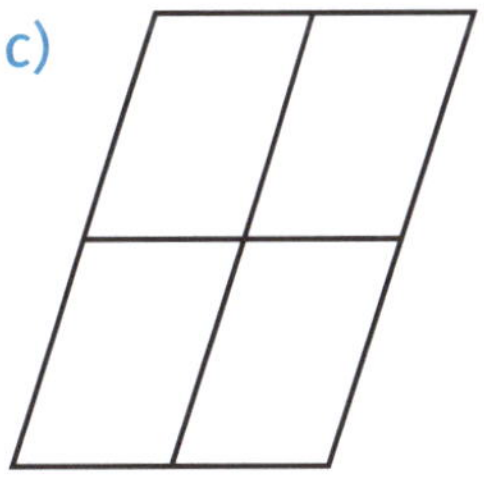

d) 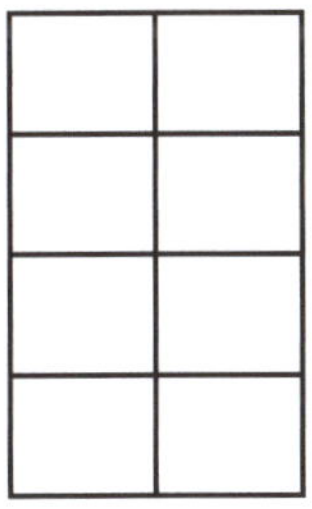

④ Male die Quadrate an:

a) – ein Viertel rot
– ein Viertel blau
– ein Halb gelb

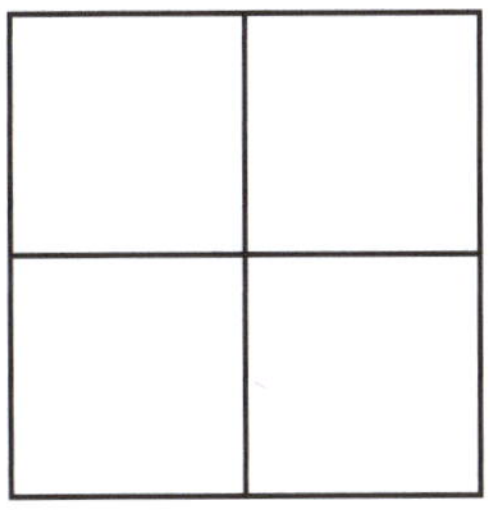

b) – ein Achtel blau
– ein Viertel gelb
– ein Viertel rot
– ein Achtel blau
– zwei Achtel gelb

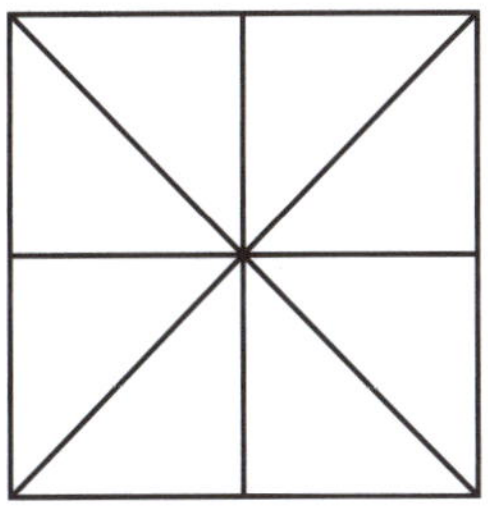

▸SB 96/97

Name: Datum:

Teile eines Ganzen – Brüche

1 Zeichne Rechtecke mit a = 4 cm und b = 2 cm. Markiere den Bruchteil.

a) $\frac{1}{4}$ = ein Viertel

b) $\frac{1}{2}$ = ein Halb

c) $\frac{2}{4}$ = zwei Viertel

2 Bestimme den Bruchteil. Schreibe den Bruchteil auf.

a)

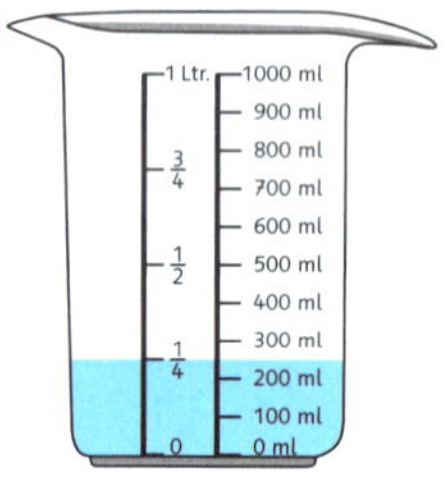

______

b)

______

c)

______

3 Markiere gleiche Angaben in der gleichen Farbe und ergänze.

a)

500 g	+	250 g	+	125 g	+	___ g	=	1 000 g
$\frac{1}{4}$ kg	+	$\frac{1}{2}$ kg	+	___ kg	+	$\frac{1}{8}$ kg	=	1 kg

b)

750 cm	+	___ cm	+	250 cm	+	500 cm	=	2 000 cm
$\frac{1}{4}$ m	+	$\frac{1}{2}$ m	+	$\frac{3}{4}$ m	+	___ m	=	2 m

c)

45 min	+	___ min	+	15 min	+	30 min	=	120 min
$\frac{1}{2}$ h	+	$\frac{1}{4}$ h	+	___ h	+	$\frac{3}{4}$ h	=	2 h

► SB 96/97

Name: Datum:

Flächeninhalt

① Wie groß ist der Flächeninhalt der Figur?

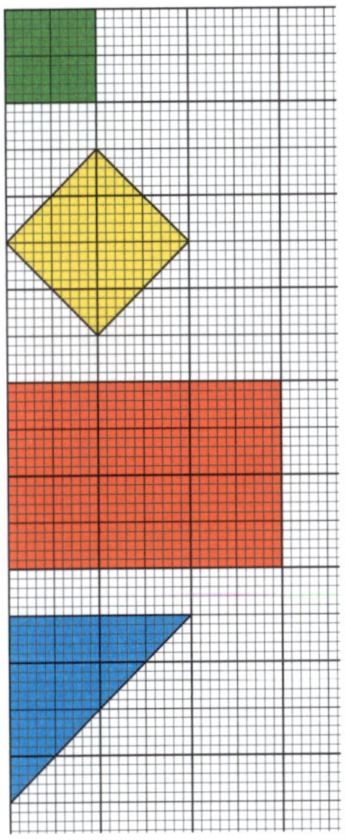

	die Figur	der Flächeninhalt
a)	das Quadrat	_____ Quadratzentimeter
b)		
c)		
d)		

② Zeichne die Figur.

a) Ein Quadrat mit dem Flächeninhalt 4 Quadratzentimeter.

b) Ein Rechteck mit dem Flächeninhalt 3 Quadratzentimeter.

③ Zeichne.

a) Ein Rechteck mit der Hälfte des Flächeninhalts.

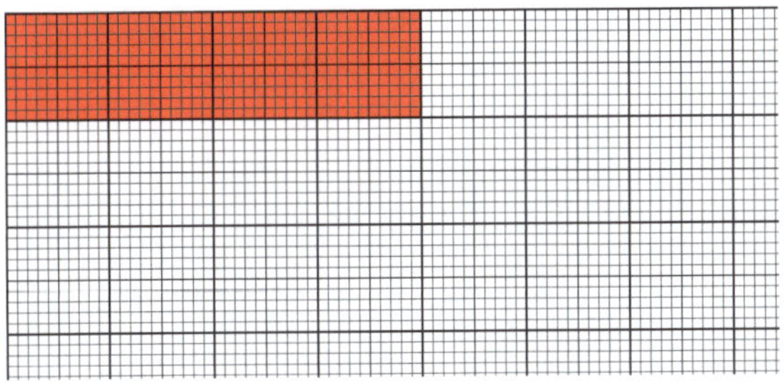

b) Ein Quadrat mit einem Viertel des Flächeninhalts.

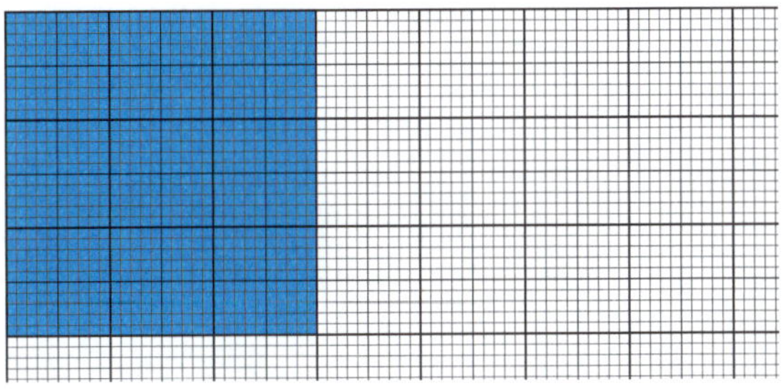

▸ SB 98

Name: Datum:

Flächeninhalt

① Wie groß ist der Flächeninhalt der Figur?

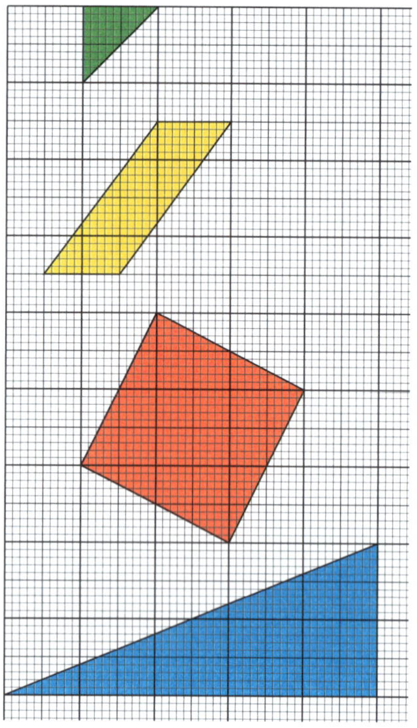

	die Figur	der Flächeninhalt
a)		
b)		
c)		
d)		

② a) Zeichne ein Quadrat mit der Seitenlänge a = 2 cm.
Bestimme den Flächeninhalt. Flächeninhalt = ______ Quadratzentimeter.

b) Verdopple die Seitenlänge des Quadrats von Aufgabe a)
und bestimme den Flächeninhalt. Flächeninhalt = ______ Quadratzentimeter.

c) Verdreifache die Seitenlänge des Quadrats von Aufgabe a)
und bestimme den Flächeninhalt. Flächeninhalt = ______ Quadratzentimeter.

► SB 98

Name: Datum:

Umfang

① Zeichne Figuren. Bestimme den Umfang.

a) ein Quadrat
a = 4 cm

b) ein Rechteck
a = 4 cm, b = 2 cm

c) ein Rechteck
a = 1 cm, b = 8 cm

Umfang = ______ cm

Umfang = ______ cm

Umfang = ______ cm

② Bestimme die Seitenlänge, den Umfang und den Flächeninhalt.

a) 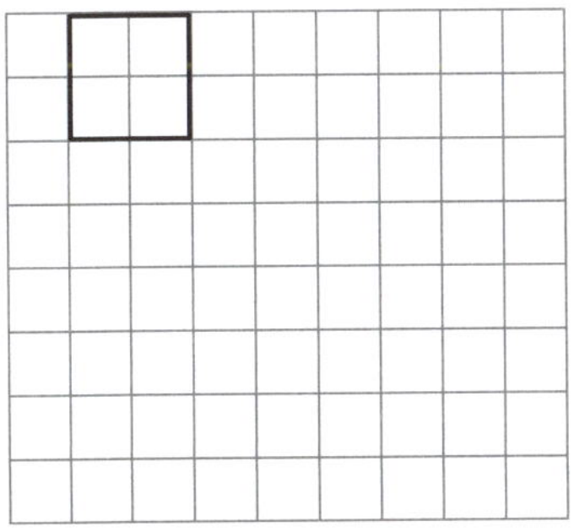

b) 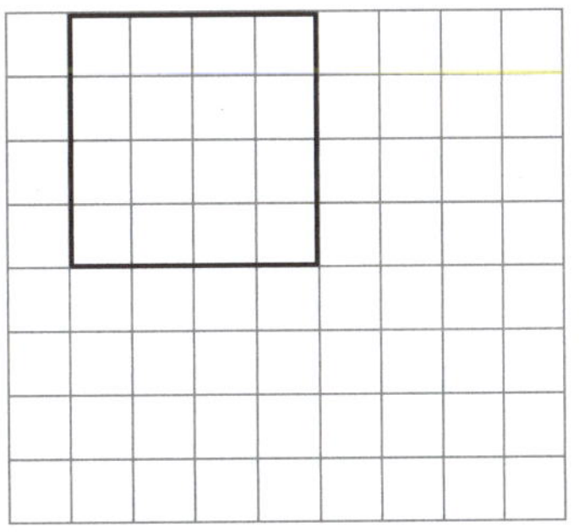

c) 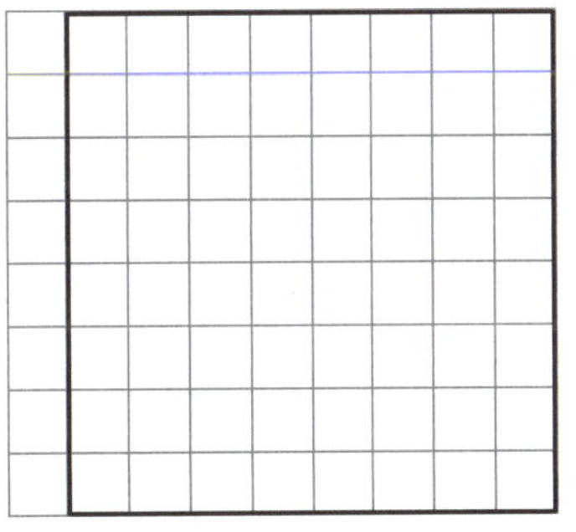

Das Quadrat	die Seitenlänge	der Umfang	der Flächeninhalt
a)			
b)			
c)			

Welcher Satz passt? Kreuze an.

◯ Der Umfang verdoppelt sich immer.

◯ Der Umfang wird immer um 1 cm größer.

◯ Der Flächeninhalt verdoppelt sich immer.

◯ Der Flächeninhalt vervierfacht sich immer.

▸ SB 99

Name: Datum:

Umfang

① Zeichne Quadrate mit den genannten Seitenlängen.
Bestimme den Umfang und den Flächeninhalt.

die Seitenlänge	der Umfang	der Flächeninhalt
1 cm		
2 cm		
3 cm		
4 cm		

② Mehmets Familie plant für den Garten ein Gemüsebeet mit Zaun.
Der Draht für den Zaun ist 14 Meter lang.

Zeichne verschiedene Möglichkeiten für das Gemüsebeet. Maßstab: 1 cm = 1 m
Mit welchen Seitenlängen ist der Flächeninhalt für das Gemüsebeet am größten?

► SB 99

Name: Datum:

Division

① Dividiere schriftlich.
Vervollständige die Sätze.

2 4 9 6 : 8 =

16 minus 16 gleich 0 | 8 | dividieren | 3 mal 8 gleich 24 | 8 dreimal in die 24 | 2 | 8 einmal in die 9 | 24 minus 24 gleich 0 | 1 mal 8 gleich 8 | 9 minus 8 gleich 1 | 8 zweimal in die 16 | 2 mal 8 gleich 16

Ich kann ____ nicht durch ____ ____________ .

Ich muss die nächste Ziffer dazunehmen.

Ich weiß, dass die ______________ passt. ______________ .

Ich rechne ______________ .Ich nehme die nächste Ziffer dazu.

Ich weiß, dass die ______________ passt. ______________ .

Ich rechne ______________ . Ich nehme die nächste Ziffer dazu.

Ich weiß, dass die ______________ passt. ______________ .

Ich rechne ______________ .

② Setze die Ziffern richtig ein.

a) 4 9 4 3

□□□□ : 4 = 9 8 6
3 6
3 4
3 2
2 4
2 4
0

b) 5 5 2 6

□□□□ : 6 = 4 2 6
2 4
1 5
1 2
3 6
3 6
0

c) 1 6 9 2

□□□□ : 3 = 6 5 4
1 8
1 6
1 5
1 2
1 2
0

d) 6 4 5 9

□□□□ : 7 = 8 5 2
5 6
3 6
3 5
1 4
1 4
0

▸SB 102–104

Name: Datum:

Division

① Dividiere schriftlich.
Schreibe deinen Rechenweg auf.

4 4 6 6 : 7 =

② Durch welche Zahl wurde dividiert?

a) 5 440 : ___ = 680 b) 2 664 : ___ = 296 c) 1 390 : ___ = 278

d) 2 691 : ___ = 897 e) 2 108 : ___ = 527 f) 5 136 : ___ = 642

g) 1 001 : ___ = 143 h) 1 708 : ___ = 854 i) 1 890 : ___ = 378

▸SB 102–104

Name: Datum:

Schriftliche Division

① Dividiere.

a	b	c (a : b)	d (c : b)
6958	7		
14720	8		
4048	4		
97344	3		
5325	5		
6723	9		
7344	6		
2284	2		
10290	7		

Name: Datum:

Schriftliche Division

① Dividiere.

a	b	c (a : b)	d (c : b)
	5		125
	8		203
2844		474	
9016		1288	
17091		1899	
	4		176
	3	567	
	2	702	
	5	780	

► SB 105

Name: Datum:

Division mit Rest

① Setze fort.

a) 325 : 5 = ____
____ : 5 = ____ Rest 1
____ : 5 = ____ Rest 2
____ : 5 = ____ Rest 3
____ : 5 = ____ Rest 4

b) 217 : 7 = 31
____ : 7 = 31 Rest __
____ : 7 = 31 Rest __
____ : 7 = 31 Rest __
____ : 7 = 31 Rest __

② Dividiere dreistellige Zahlen. Finde weitere Aufgaben.

a) ____ : __ = ____
____ : __ = ____ Rest 1
____ : __ = ____ Rest 2
____ : __ = ____ Rest 3

b) ____ : __ = ____
____ : __ = ____ Rest 4
____ : __ = ____ Rest 5
____ : __ = ____ Rest 5

c) ____ : __ = ____
____ : __ = ____ Rest 6
____ : __ = ____ Rest 7
____ : __ = ____ Rest 8

d) ____ : __ = ____
____ : __ = ____ Rest 7
____ : __ = ____ Rest 8
____ : __ = ____ Rest 9

▸SB 106/107

Name: Datum:

Division mit Rest

① Setze die Ziffernkarten so ein, dass das Ergebnis stimmt.

a) 6 8 4

_____ : ___ = 17
_____ : ___ = 8
_____ : ___ = 14
_____ : ___ = 5 Rest 6

b) 6 8 4 2

_______ : ___ = 342
_______ : ___ = 67
_______ : ___ = 140 Rest 2
_______ : ___ = 53 Rest 2

c) 7 5 3

_____ : ___ = 5
_____ : ___ = 19
_____ : ___ = 7 Rest 2
_____ : ___ = 14 Rest 3

d) 4 5 6 7

_______ : ___ = 65 Rest 1
_______ : ___ = 191 Rest 1
_______ : ___ = 93 Rest 3
_______ : ___ = 95 Rest 1

▸SB 106/107

Name: Datum:

Taschenrechner

① Schreibe Wörter mit dem Taschenrechner.
Welche Ziffern musst du eingeben?

Tipp: Drehe den Taschenrechner.

LIEBE ____________

ESEL ____________

SEE ____________

② Welche Wörter wurden geschrieben?

13 ____________ 8739 ____________

39139 ____________ 3713 ____________

513 ____________ 7391 ____________

7353 ____________ 735535 ____________

③ Welche Ziffern ergeben umgedrehte Buchstaben?

0 ____ 1 ____ 2 ____ 3 ____ 4 ____

5 ____ 6 ____ 7 ____ 8 ____ 9 ____

④ Erstelle eigene Wörter aus Ziffern.

____

____

____

____

____

____

▸ SB 108

Name: Datum:

Taschenrechner

① Rechne wie im Beispiel. Überprüfe dann mit dem Taschenrechner.

a)

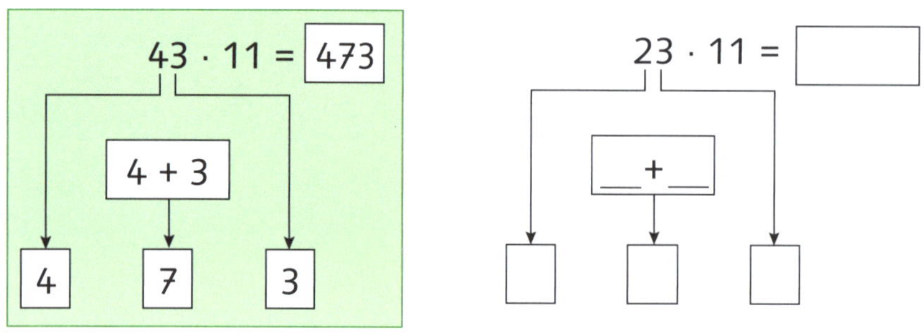

b)

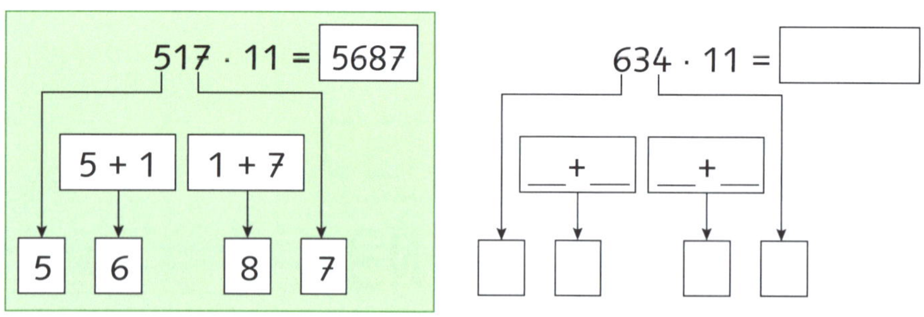

c)

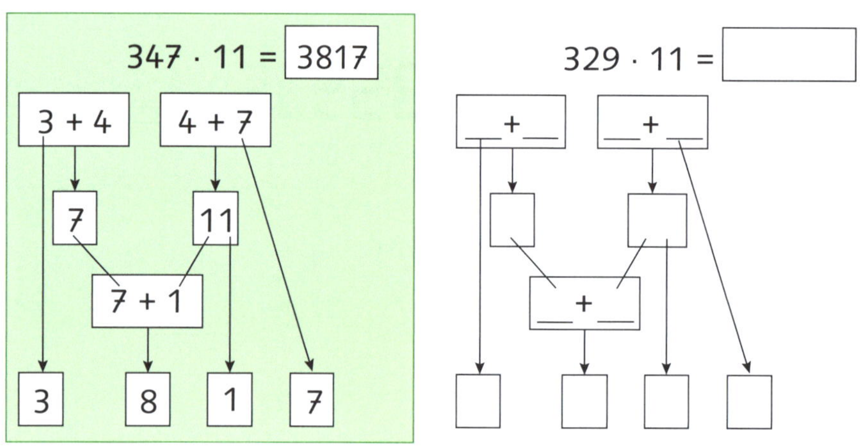

d)

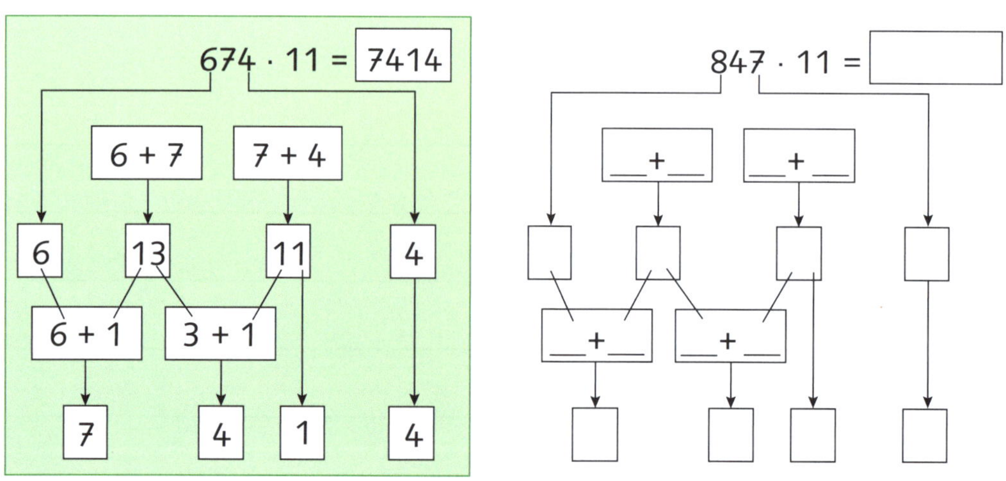

▸SB 108

Name: Datum:

Teilbarkeit

① Vervollständige die Teilbarkeitsregeln.

a) Eine Zahl ist durch 2 teilbar, wenn ____

____.

b) Eine Zahl ist durch 5 teilbar, wenn ____

____.

c) Eine Zahl ist durch 10 teilbar, wenn ____

____.

d) Eine Zahl ist durch 3 teilbar, wenn ____

____.

e) Eine Zahl ist durch 9 teilbar, wenn ____

____.

② Teilbar durch welche Zahl? Kreuze an.

	2	5	10	3	9
127432					
934021					
538650					
189322					
357834					
865536					
972145					
913008					

③ Finde Zahlen, die durch 2, 5, 10, 3 oder 9 teilbar sind.

2: ____

5: ____

10: ____

3: ____

9: ____

► SB 109

Name: Datum:

Teilbarkeit

① Bilde eine vierstellige Zahl, die

a) durch 2 und 3 teilbar ist und die Quersumme 18 hat. ____________

b) durch 2 und 5 teilbar ist und die Quersumme 13 hat. ____________

c) durch 9 und 5 teilbar ist und die Quersumme 27 hat. ____________

d) durch 3 und 10 teilbar ist und die Quersumme 21 hat. ____________

e) durch 2, 4 und 3 teilbar ist und die Quersumme 24 hat. ____________

f) durch 5, 9 und 10 teilbar ist und die Quersumme 19 hat. ____________

② Finde Zahlen,

a) die durch 10 teilbar sind und zwischen 700 und 800 liegen.

____

b) die durch 5 teilbar sind und größer als 2 310 und kleiner als 2 350 sind.

____

c) die durch 5 und 10 teilbar sind und größer als 595 210 und kleiner als 595 295 sind.

____

③

a) Meine Zahl ist dreistellig und durch 3 und 2 teilbar. Sie hat die Quersumme 15. Die Zahl liegt zwischen 150 und 180.

b) Meine Zahl ist dreistellig. Sie ist durch 2, 3 und 4 teilbar. Sie liegt zwischen 400 und 500. Sie hat die Quersumme 15.

▸SB 109

Name: Datum:

Sachrechnen: Kann das stimmen?

Ein Turm mit allen Schulbüchern der Kinder ist höher als der Klassenraum.

① Kann das stimmen?
Bearbeite die Aufgabe schrittweise.

Frage ______________________________

Vermuten ______________________________

Informationen sammeln Welche Informationen musst du sammeln, damit du die Aufgabe lösen kannst? Kreuze an und sammle die Informationen.

- ◯ Ich zähle meine Schulbücher: __________
- ◯ Ich zähle, wie viel Kinder in der Klasse sind: __________
- ◯ Ich messe jedes einzelne Schulbuch in der Klasse aus: __________
- ◯ Ich messe meine Schulbücher und überschlage für die ganze Klasse: __________
- ◯ Ich messe die Höhe des Klassenraums: __________
- ◯ Ich messe die Länge des Klassenraums: __________

Hilfsfragen Welche Hilfsfragen passen zu Aufgabe? Kreuze an?

- ◯ Wie dick ist ein Schulbuch?
- ◯ Wie hoch ist der Klassenraum?
- ◯ Wie lang ist der Klassenraum?
- ◯ Wie hoch ist der Turm?
- ◯ Wie viele Bücher gibt es in der Klasse?

Lösung Welche Lösung passt zur Aufgabe? Kreuze an.

◯
1 Schulbuch ungefähr 1 cm
6 Schulbücher = 6 cm
24 Kinder
$24 \cdot 6$ cm
144 cm
Höhe Klassenraum = 2,80 m

◯
Höhe Schulbuch = 10 cm
6 Schulbücher = 60 cm
24 Kinder
$24 \cdot 60$ cm
1440 cm = 14,4 m
Höhe Klassenraum = 2,80 m

Überprüfen Welcher Antwortsatz passt zur Aufgabe? Kreuze an und ergänze.

- ◯ Ein Turm aus allen Schulbüchern der Kinder meiner Klasse ist _____ Meter hoch. Das ist höher als/nicht so hoch wie der Klassenraum.
- ◯ Ein Turm aus allen Schulbüchern ist _____ Meter länger als der Klassenraum.

►SB 110/111

Name: Datum:

Sachrechnen: Kann das stimmen?

Ein Turm mit allen Schulbüchern der Kinder ist höher als der Klassenraum.

① Kann das stimmen?
Bearbeite die Aufgabe schrittweise.

Frage ____________________

Vermuten Ich vermute, dass ____________________

Informationen sammeln Ich sammle Informationen.

____

____

____

____

Hilfsfragen Ich finde Hilfsfragen, damit ich die Frage beantworten kann.

____

____

____

Lösung

Überprüfen Ich vergleiche mein Ergebnis mit meiner Vermutung und schreibe einen Antwortsatz.

____

▸ SB 110/111

Name: Datum:

Messen mit dem Messbecher

① Wie viel Flüssigkeit ist in dem Messbecher?
Schreibe in Milliliter und als Kommazahl in Liter.

a)
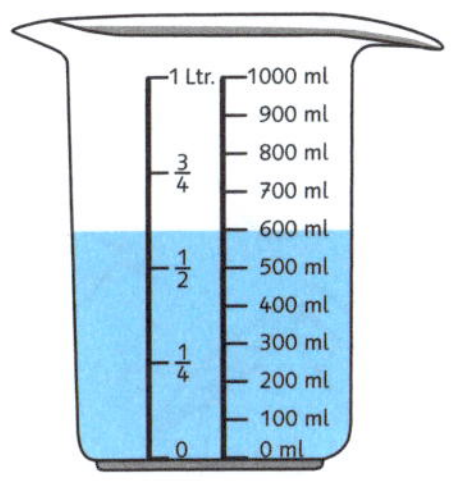

b)
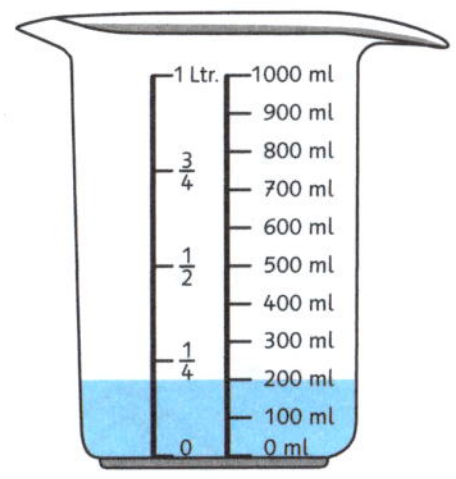

c)
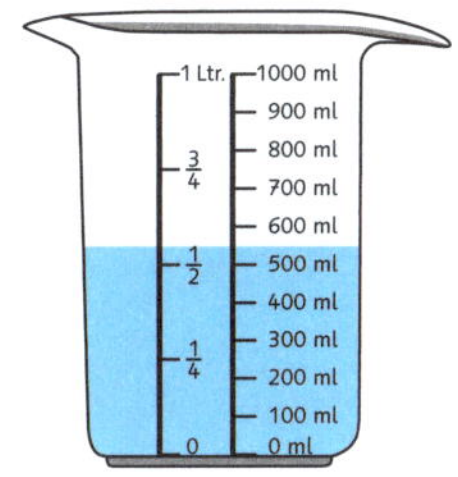

d)
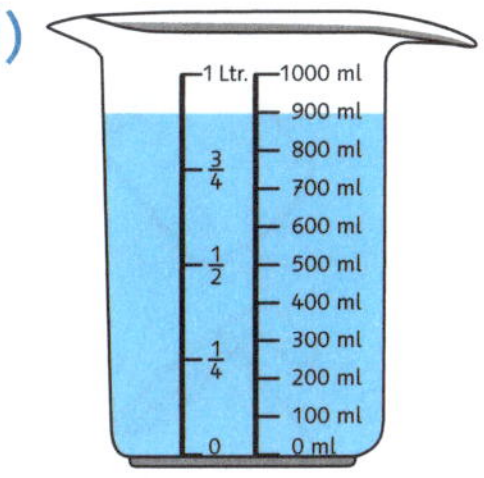

______ ______ ______ ______

______ ______ ______ ______

② Male gleiche Volumenangaben in der gleichen Farbe an.

0,3 l

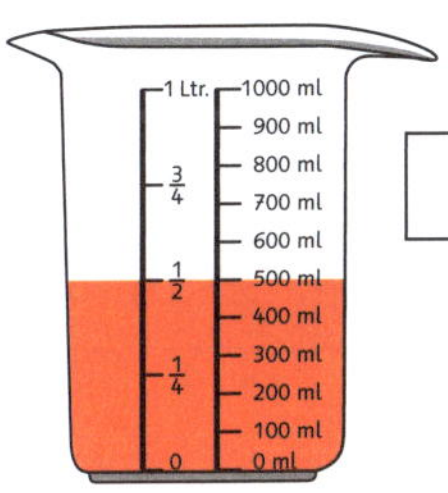

0,85 l

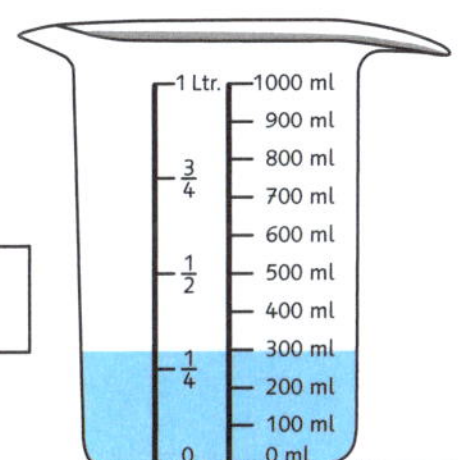

$\frac{1}{4}$ l

850 ml

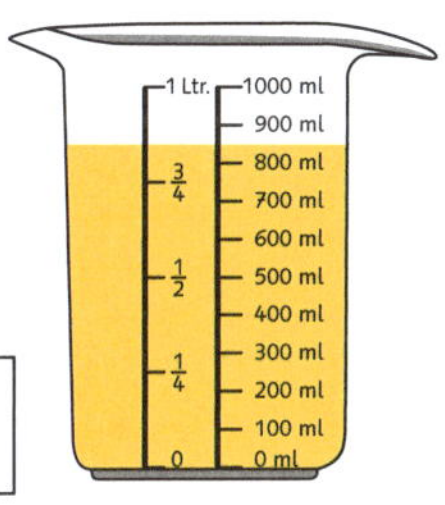

250 ml

$\frac{1}{2}$ l

300 ml

0,5 l

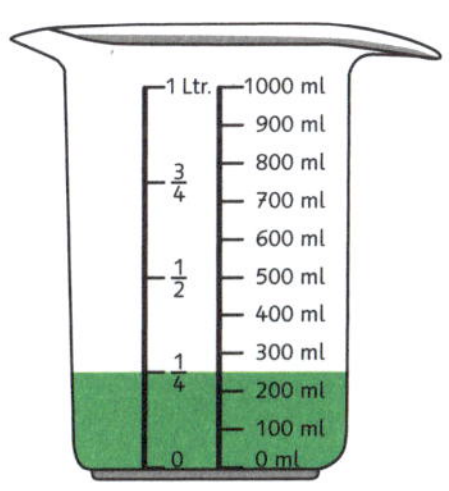

③ Zeichne die Flüssigkeit ein. Schreibe als Kommazahl in Liter.

a)
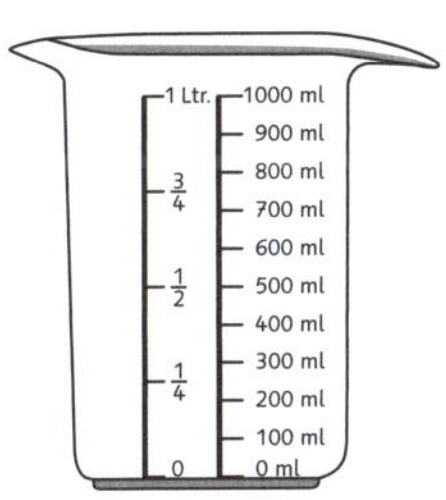

400 ml

______

b)
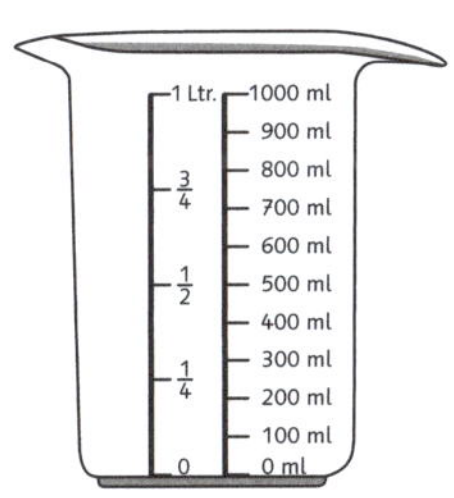

1 000 ml

______

c)
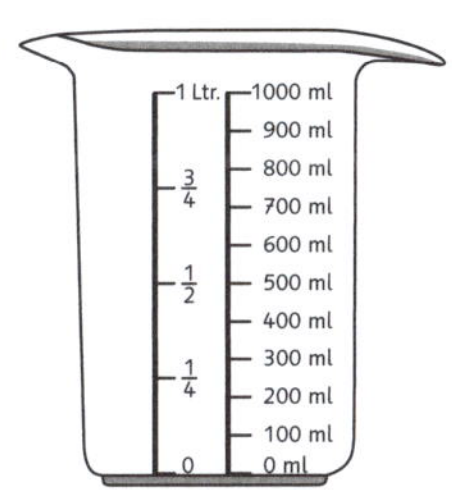

200 ml

______

d)
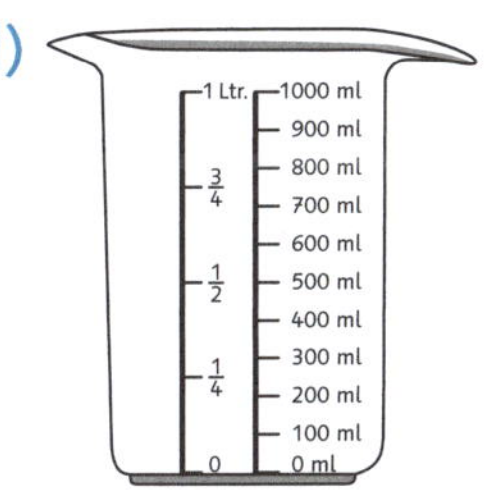

150 ml

______

e)
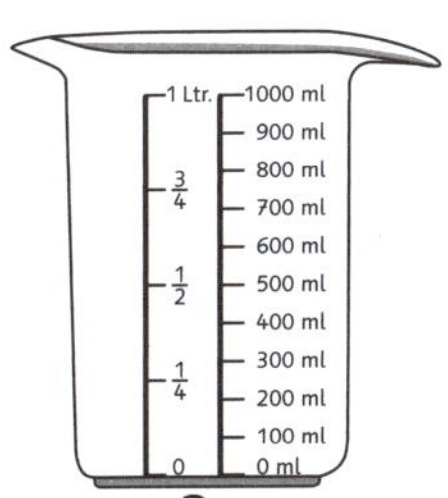

$\frac{3}{4}$ l

______

f)
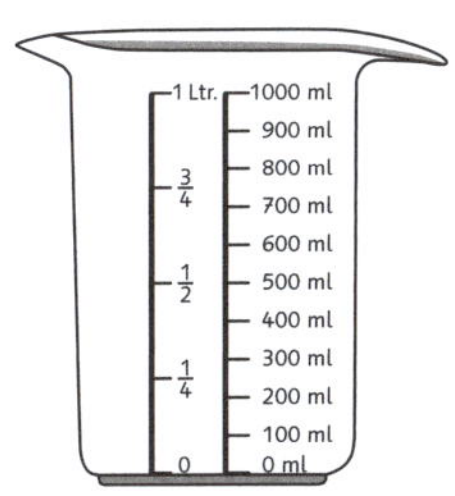

700 ml

______

g)
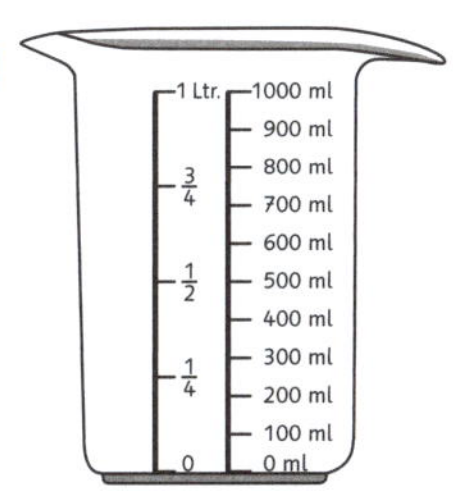

100 ml

______

h)
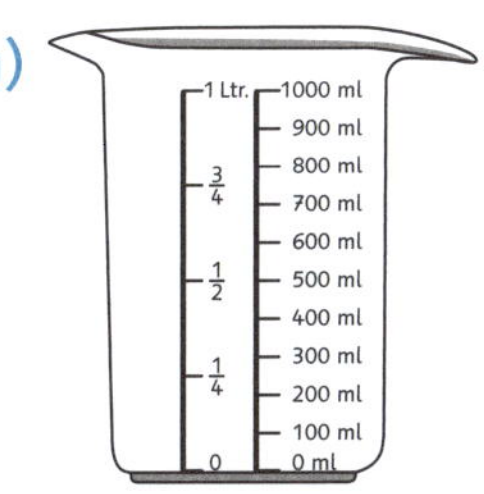

50 ml

______

▸SB 115

Name: Datum:

Messen mit dem Messbecher

① Wie viel fehlt zum Liter?

a)

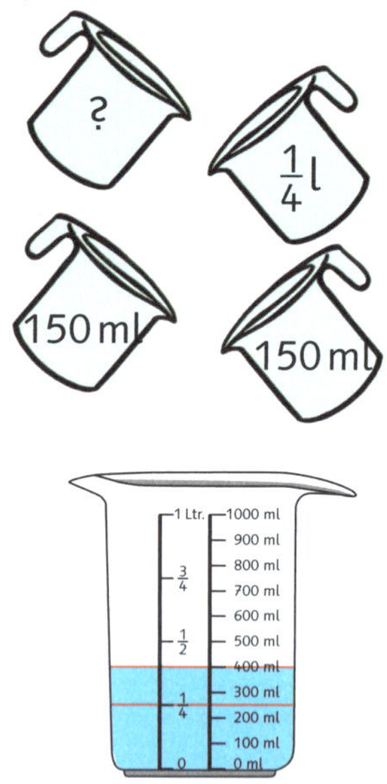

Es fehlen __________.

b)

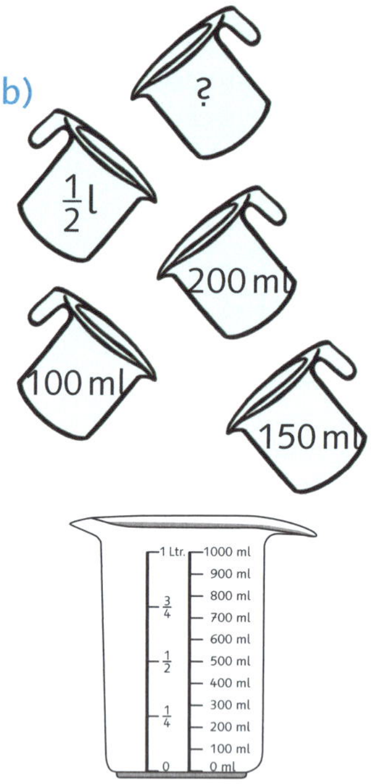

Es fehlen __________.

c)

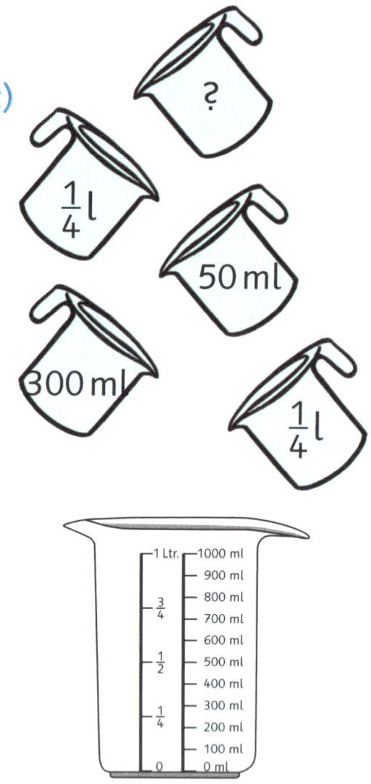

Es fehlen __________.

② Vergleiche die beiden Messbecher miteinander.
Was fällt dir auf? Begründe.

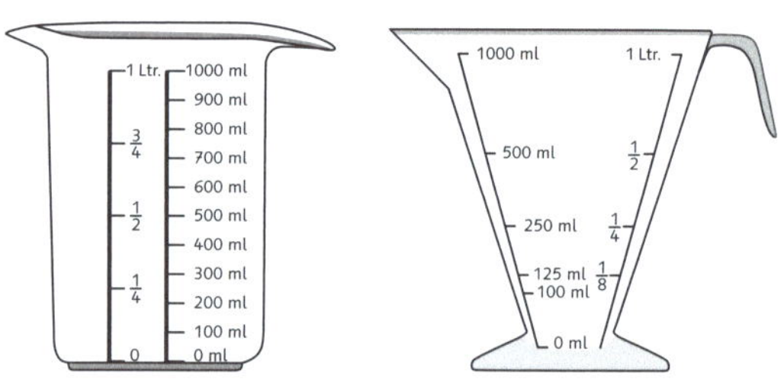

____

____

____

____

____

③ Du hast zwei Eimer.
In einen Eimer passen 5 Liter. In den anderen Eimer passen 3 Liter.

a) Wie kannst du mit den beiden Eimern genau 2 Liter abmessen?

b) Wie kannst du mit den beiden Eimern genau 1 Liter abmessen?

____

____

____

____

____

► SB 115

Name: Datum:

Liter und Milliliter

① Schreibe als Kommazahl und ordne die Volumenangaben in der Tabelle. Beginne mit dem leichtesten Volumen.

1 l	,	100 ml	10 ml	1 ml

4 l 770 ml

1 l 400 ml

4 l 7 ml

770 ml

4 l 700 ml

$\frac{1}{4}$ l

② Wie viele Milliliter sind es?

a) 2,5 l = ______

3,3 l = ______

0,3 l = ______

0,7 l = ______

b) 1,07 l = ______

5,10 l = ______

6,28 l = ______

2,55 l = ______

c) 7,25 l = ______

2,75 l = ______

3,125 l = ______

4,645 l = ______

③ Schreibe als Kommazahl in Liter.

a) 1 800 ml = ______

1 300 ml = ______

1 750 ml = ______

1 830 ml = ______

b) 3 215 ml = ______

3 200 ml = ______

320 ml = ______

30 ml = ______

④ Male gleiche Volumenangaben in der gleichen Farbe an.

20 ml

200 ml

2 l 2 ml

2 500 ml

2 000 ml

2 l

2 200 ml

$2\frac{1}{2}$ l

0,2 l

0,02 l

2 l 200 ml

2 002 ml

▸SB 116

Name: Datum:

Liter und Milliliter

① In ein Glas passt $\frac{1}{4}$ Liter. Wie viele Gläser können gefüllt werden?

a)

b)

c)

d)

② Für ein Klassenfest sollen Getränke gemixt werden.
Emira und Umut haben Rezepte ausgesucht.
Von beiden Rezepten sollen Getränke für 30 Gläser gemixt werden.

Roter Zauber (Rezept für 1 Glas)
90 ml Kirschsaft
20 ml Orangensaft
10 ml Himbeersirup
1 TL Zitronensaft
Alle Zutaten im Shaker schütteln.

Inseltraum (Rezept für 6 Gläser)
0,5 l Ananassaft
0,3 l Orangensaft
0,1 l Zitronensaft
0,1 l Kokosmilch
Alle Zutaten im Krug mischen.

a) Berechne die Zutaten für 30 Gläser.

b) Schreibe den Einkaufzettel.

Einkaufszettel

►SB 116

Name: Datum:

Wasserverbrauch

Ein Viertklässler sollte jeden Tag ungefähr 2,5 Liter Flüssigkeit trinken.
Mia hat in eine Tabelle geschrieben, was sie getrunken hat.

Wann?	Was?	Wie viel?
Frühstück	1 Tasse Kakao	125 ml
Schule 1. Pause	Apfelsaft	0,2 l
Schule 2. Pause	Wasser	0,3 l
Mittag	1 Glas Orangensaft	$\frac{1}{4}$ l
nach den Hausaufgaben	1 Glas Wasser	$\frac{1}{4}$ l
nach dem Sport	1 Glas Apfelschorle	$\frac{1}{4}$ l
beim Fernsehen	Apfelsaft	0,2 l
Abendbrot	1 Tasse Tee	125 ml
nach dem Abendbrot	1 Becher Kakao	200 ml

① Hat Mia genug getrunken?

② Stelle dir eine Liste für den Tag zusammen.
Wie kannst du es schaffen, auf 2,5 Liter zu kommen?

▸ SB 117

Name: Datum:

Wasserverbrauch

Menschen, Tiere und Pflanzen bestehen zu großen Teilen aus Wasser. Deshalb ist es wichtig, dass wir ausreichend trinken. Der Flüssigkeitsbedarf kann bei Hitze oder Krankheiten stark ansteigen.
Wer nicht viel trinken kann oder möchte, muss versuchen, mit wasserreicher Nahrung wie Obst, Gemüse, Salaten oder Suppen einen Ausgleich zu schaffen.

① Der Flüssigkeitsbedarf pro Tag hängt vom Alter und vom Gewicht ab.

	Alter	Menge pro Kilogramm Körpergewicht
Säuglinge	0–12 Monate	120 ml bis 180 ml
Kinder	1–3 Jahre	115 ml bis 125 ml
	4–6 Jahre	100 ml bis 110 ml
Schulkinder	7–9 Jahre	90 ml bis 100 ml
	10–12 Jahre	70 ml bis 85 ml
	13–14 Jahre	50 ml bis 60 ml
Jugendliche	15–18 Jahre	40 ml bis 50 ml
Erwachsene	ab 19 Jahre	35 ml bis 45 ml

a) Berechne, wie viel Flüssigkeit du an einem Tag brauchst.

b) Wie viel Flüssigkeit braucht ein erwachsener Mann (75 kg) ungefähr?

c) Wie viel Flüssigkeit braucht ein Säugling (5,5 kg) ungefähr?

► SB 117

Name: Datum:

Der Zentimeterwürfel

① Wie viele Milliliter sind es?

a)

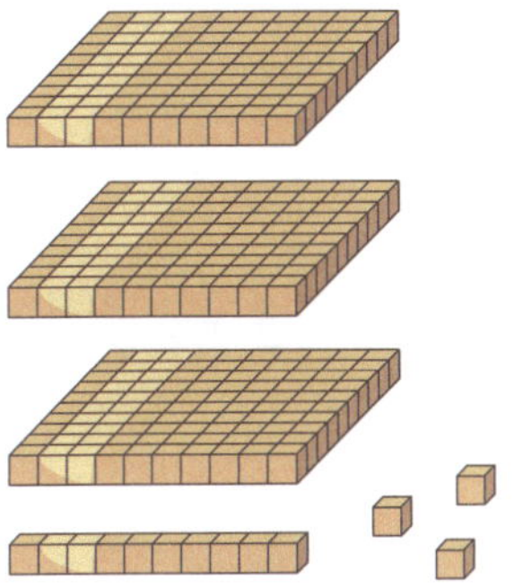

b)

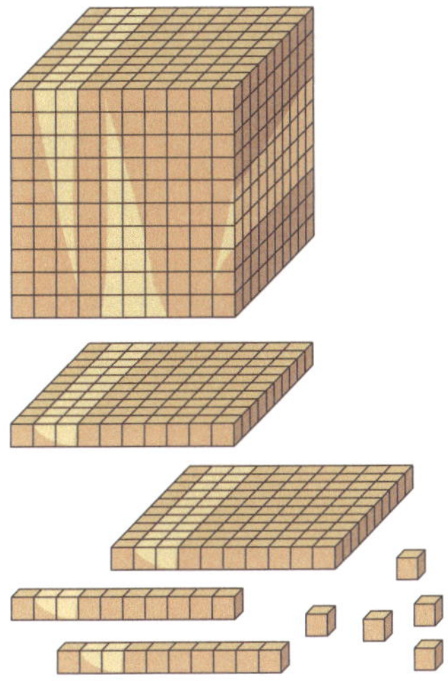

c)

a) ______ ml b) ______ ml c) ______ ml

② Wie viele Zentimeterwürfel passen in die Quader?
Wie viele Milliliter sind das?

a)

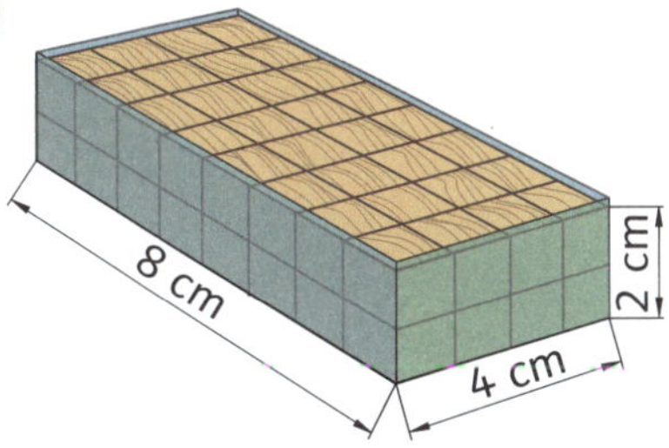

b)

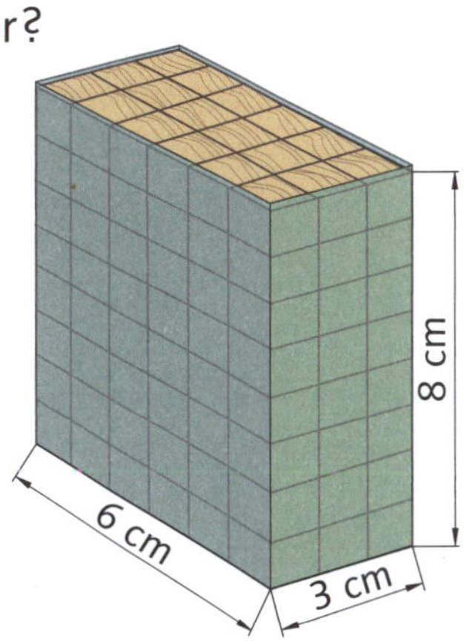

③ Wie viele Zentimeterwürfel passen in den Quader? Wie viele Milliliter sind das?

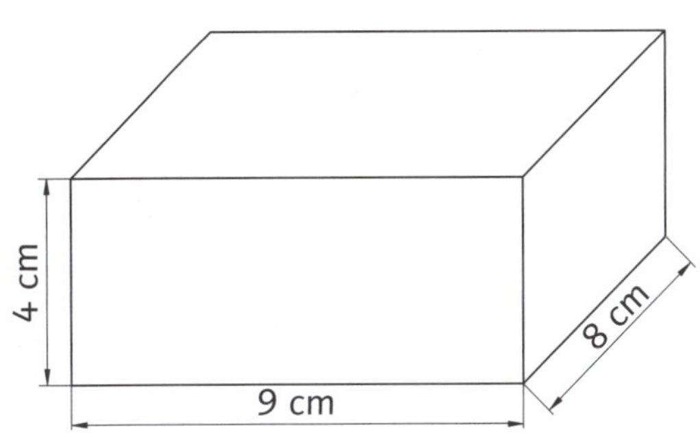

► SB 119

Name: Datum:

Der Zentimeterwürfel

① Wie viele Zentimeterwürfel passen in die Quader?
Wie viele Milliliter sind das?

a)

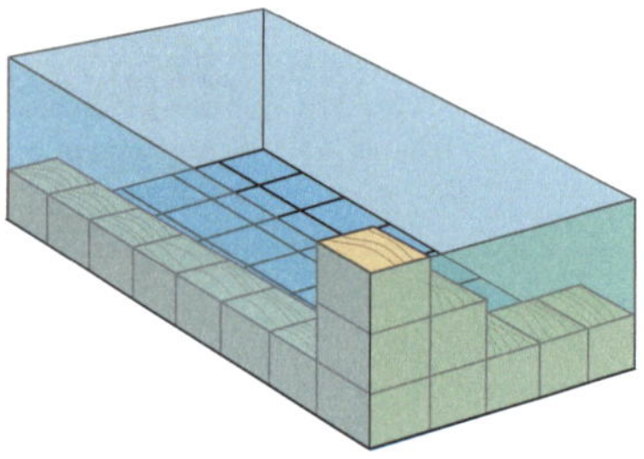

b)

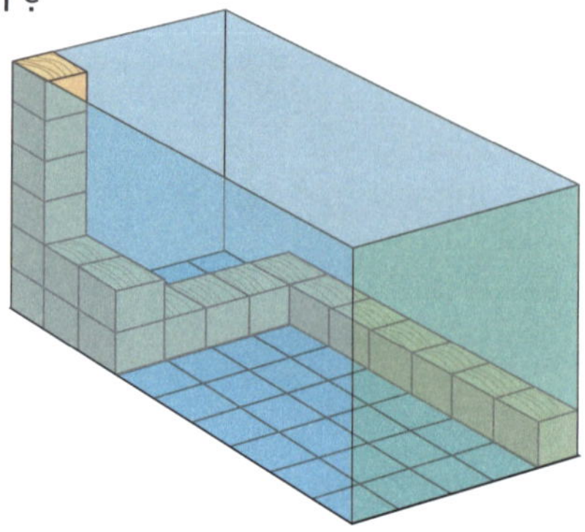

② Wie viele Zentimeterwürfel passen in die Körper?
Wie viele Milliliter sind das?

a)

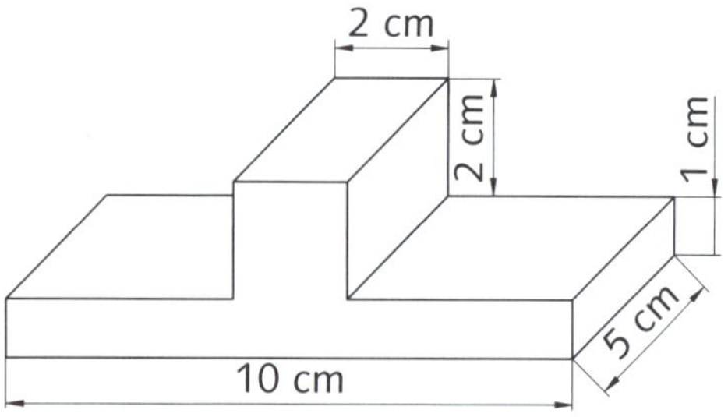

b)

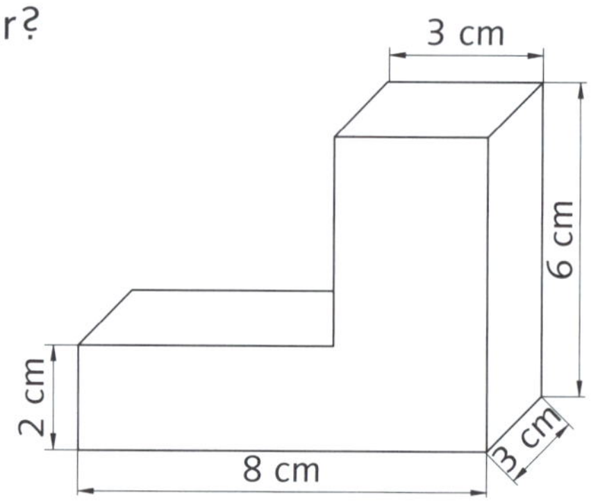

③ Dilara möchte ein Aquarium mit Wasser füllen.
Wie viel Liter passen in das Aquarium?

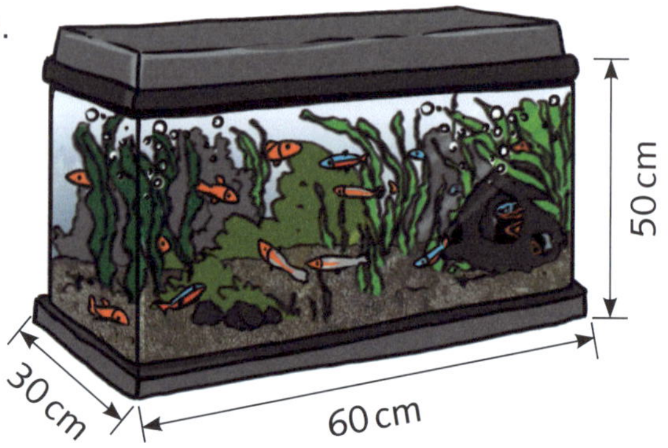

►SB 119

Name: Datum:

Daten und Diagramme

Pro-Kopf-Verbrauch an Kartoffeln im Jahr 2012

Land	Polen	Groß-britannien	Nieder-lande	Spanien	Deutsch-land	Italien
Verbrauch	114 kg	97 kg	87 kg	74 kg	61 kg	44 kg

Quelle: Eurostat

① Trage in das Balkendiagramm den durchschnittlichen Jahres-Verbrauch an Kartoffeln ein.

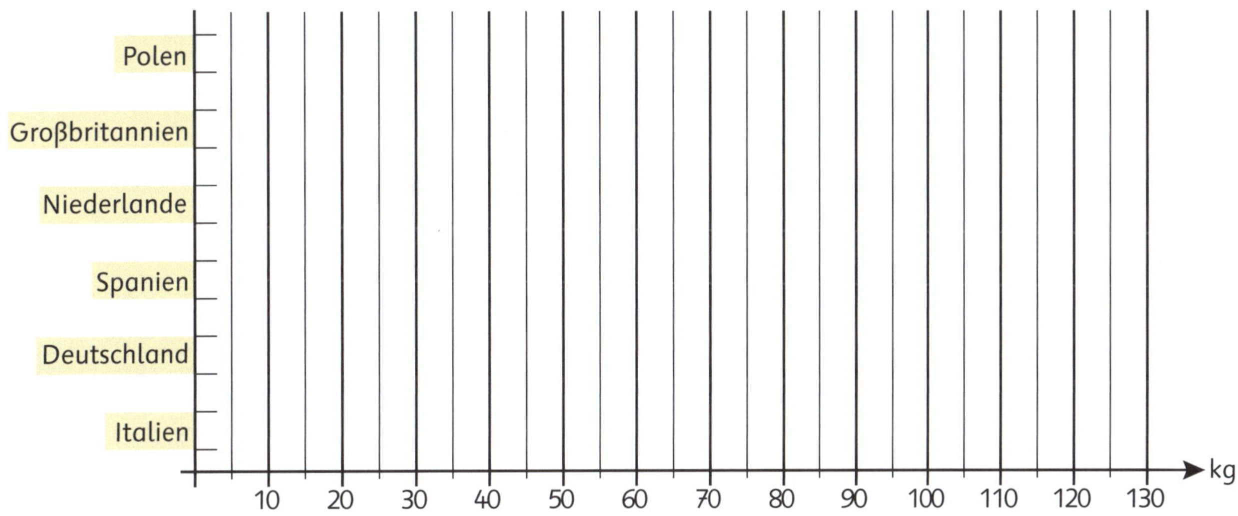

② Kreuze an.

	richtig	falsch
In Deutschland werden die meisten Kartoffeln gegessen.	☐	☐
In Polen werden die meisten Kartoffeln gegessen.	☐	☐
In den Niederlanden werden ungefähr doppelt so viele Kartoffeln gegessen wie in Italien.	☐	☐
In Spanien werden mehr Kartoffeln gegessen als in Großbritannien.	☐	☐
Ein Pole isst pro Jahr durchschnittlich mehr Kartoffeln als ein Deutscher und ein Italiener zusammen.	☐	☐
Die Italiener essen gar keine Kartoffeln.	☐	☐
Ein Deutscher ist durchschnittlich mehr Kartoffeln als ein Spanier.	☐	☐

③ Schreibe einen eigenen falschen Satz zum Kartoffelverbrauch.

► SB 122/123

Name: Datum:

Daten und Diagramme

Pro-Kopf-Verbrauch an Kartoffeln im Jahr 2012

Land	Polen	Groß-britannien	Nieder-lande	Spanien	Deutsch-land	Italien
Verbrauch	114 kg	97 kg	87 kg	74 kg	61 kg	44 kg

Quelle: Eurostat

① Wie viel Gramm Kartoffeln werden durchschnittlich jeden Tag gegessen?

Polen ________ g Großbritannien ________ g Niederlande ________ g

Spanien ________ g Deutschland ________ g Italien ________ g

② Vermute und begründe deine Meinung.

a) Warum werden in Deutschland und Italien viel weniger Kartoffeln gegessen als in Polen?

____

____

____

b) Warum hat vor 100 Jahren jeder Deutsche ungefähr viermal so viele Kartoffeln gegessen wie heute?

____

____

____

▸ SB 122/123

Name: Datum:

Wahrscheinlichkeit bei geometrischen Körpern

① Ordne jedem geometrischen Körper seinen Namen und ein Körpernetz zu.

Dreieckspyramide | Quader | Pyramide | Würfel

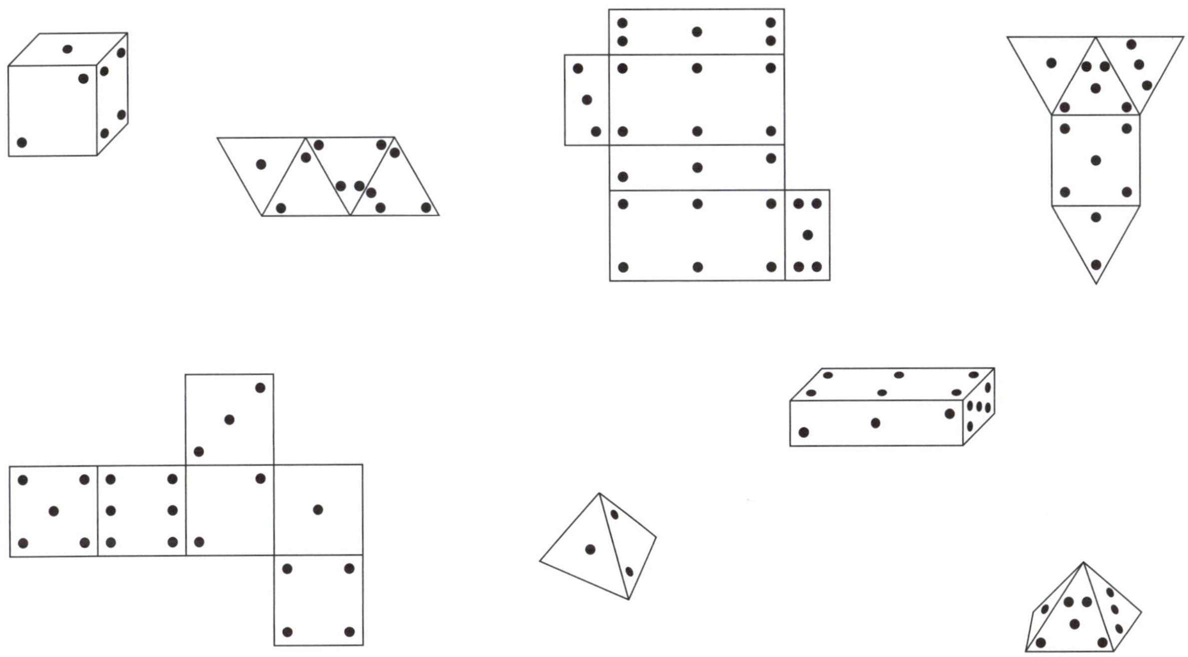

② Zu welchen geometrischen Körpern aus Aufgabe ① passt der Satz?

Es ist möglich, dass eine 4 geworfen wird:

____

Es ist gleich wahrscheinlich, dass eine 1 oder eine 2 geworfen wird:

____

Es ist unmöglich, dass eine 3 geworfen wird:

____

Es ist wahrscheinlich, dass eine ungerade Zahl geworfen wird:

____

Es ist sicher, dass eine Zahl zwischen 1 und 6 geworfen wird:

____

Es ist unwahrscheinlich, dass eine 1 geworfen wird.

____

▸ SB 124

Name: Datum:

Wahrscheinlichkeit bei geometrischen Körpern

① Finde eine Dreieckspyramide, zu der alle Sätze passen.
Zeichne die Punkte in das Netz ein.

Es ist sicher, dass eine Zahl zwischen 2 und 6 geworfen wird.

Es ist wahrscheinlich, dass eine gerade Zahl geworfen wird.

Es ist unmöglich, dass eine 5 geworfen wird.

Es ist gleich wahrscheinlich, dass eine 3 oder eine 4 geworfen wird.

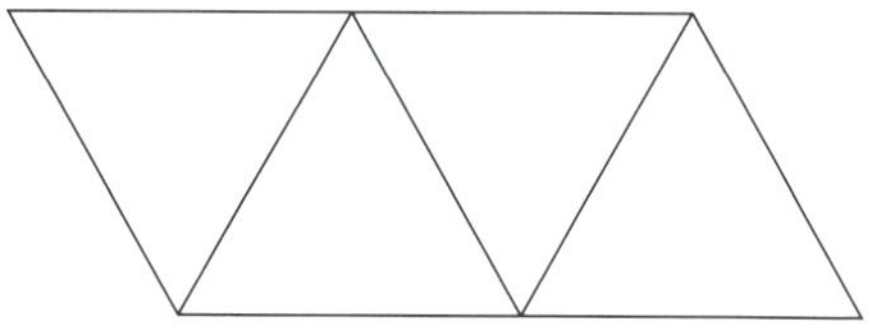

② Welcher geometrische Körper eignet sich zum Spielen – die Pyramide, der Quader, die Dreieckspyramide oder der Würfel?
Begründe deine Meinung. Die Wörter können dir helfen.

die Flächen | eignet sich, weil | die Wahrscheinlichkeit für alle Zahlen | gleich groß | unterschiedlich groß | eignet sich nicht, weil

Die Pyramide ______________________________

____

____

____

Der Quader ______________________________

____

____

____

Die Dreieckspyramide ______________________________

____

____

____

Der Würfel ______________________________

____

____

____

► SB 124

Name: Datum:

Wahrscheinlichkeit mit Kreiseln

① Mia und Lisa haben sich aus Pappe und einem Zahnstocher einen Kreisel gebastelt. Nachdem er gedreht wurde, fällt er immer auf eine der Seiten. Die Farbe dieser Seite gewinnt.

Bestimmt die Wahrscheinlichkeit.

Es ist wahrscheinlich, dass Gelb gewinnt, weil ____ von 8 Feldern gelb sind.

Es ist unmöglich, dass Weiß gewinnt, weil ____ von 8 Feldern weiß sind.

Es ist unwahrscheinlich, dass Rot gewinnt, weil nur ____ von 8 Feldern rot ist.

Es ist gleich wahrscheinlich, dass Grün oder Blau gewinnt, weil ________________

____

____.

② Baue mit einem Partner die Kreisel nach. Dreht jeden Kreisel 40-mal.

A

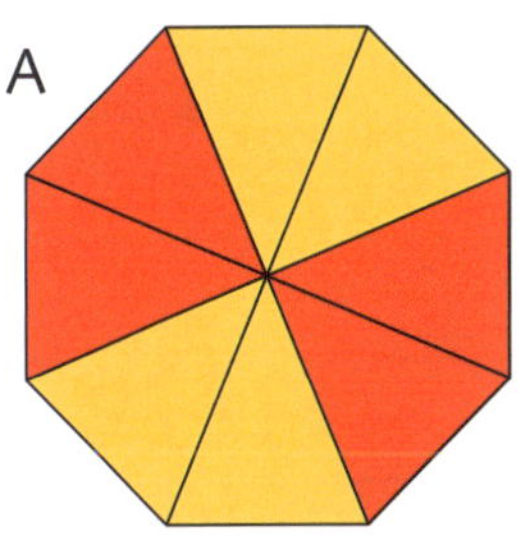

B

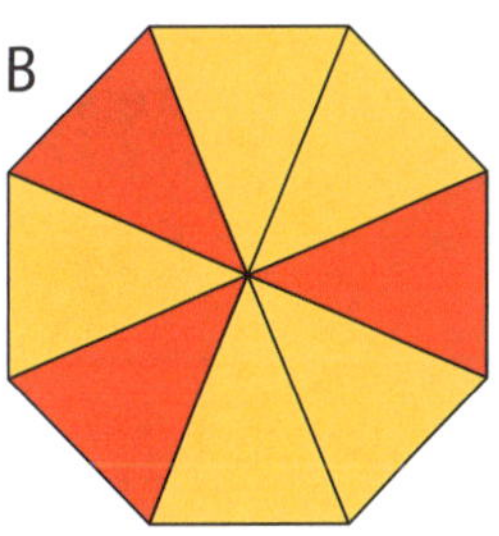

a) Tragt eure Ergebnisse in die Strichliste ein.

rot	gelb

rot	gelb

b) Welche Farbe hat öfter gewonnen?

________________________ ________________________

c) Vergleicht eure Ergebnisse mit den Ergebnissen von anderen Kindern.
Zu welchem Ergebnis kommt ihr?

____

____

____

____

► SB 125

Name: Datum:

Wahrscheinlichkeit mit Kreiseln

① Es ist gleich wahrscheinlich, dass Blau oder Gelb gewinnt.
Finde verschiedene Kreisel.

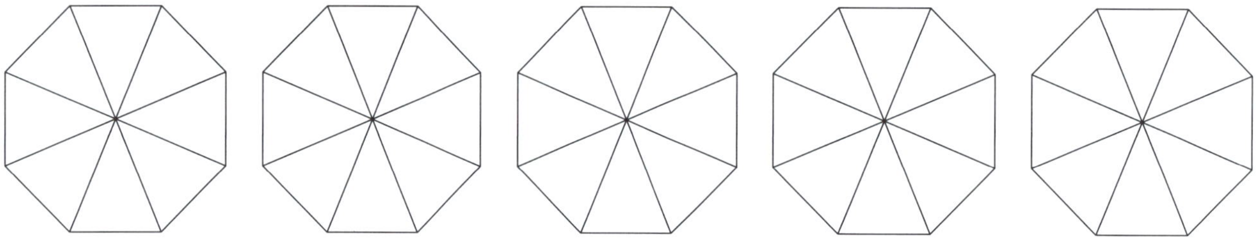

② Du gewinnst bei Gelb. Für welchen Kreisel entscheidest du dich?
Begründe mit der Anzahl der Felder.

A

B

C

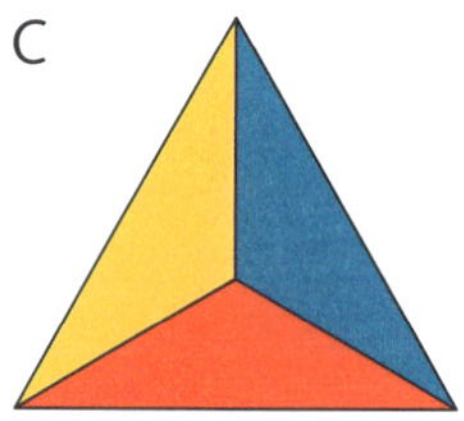

D

Ich entscheide mich für Kreisel ____, weil ______________________________

____

____

____

③ Es ist wahrscheinlich, dass Rot gewinnt. Finde verschiedene Möglichkeiten.
Du darfst aber nur die Farben Rot und Gelb nutzen.

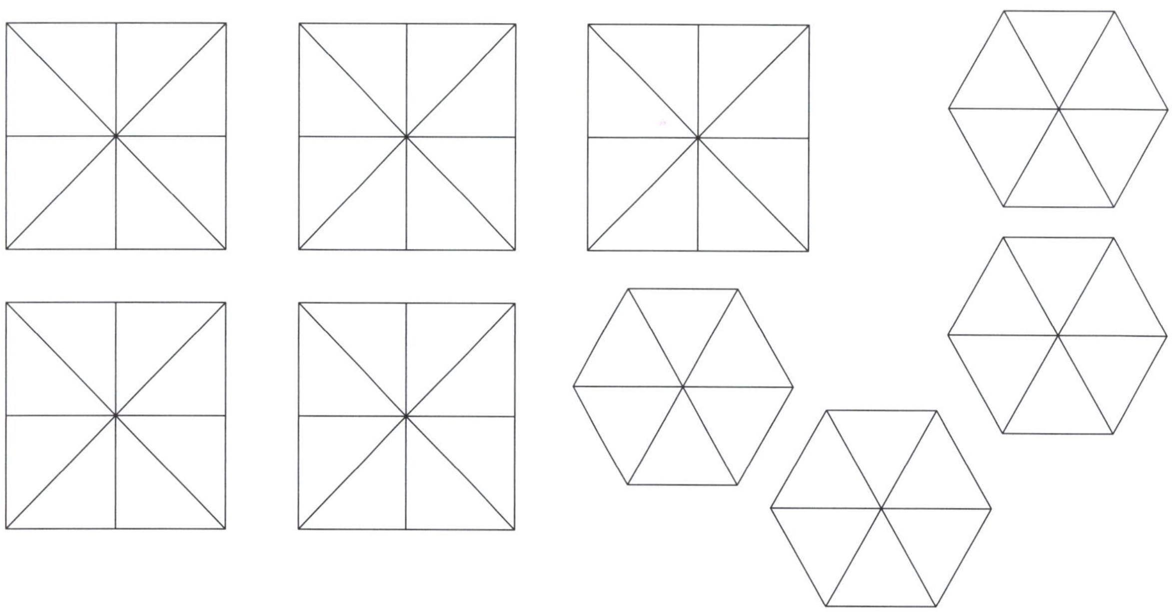

► SB 125

Name: Datum:

Sachrechnen mit gemischten Größen (1)

① Für euer Klassenfest möchtet ihr Brezeln kaufen. Die Brezeln sind fertig gebacken. Danach wurden sie tiefgekühlt. Ihr braucht sie nur aufzutauen.

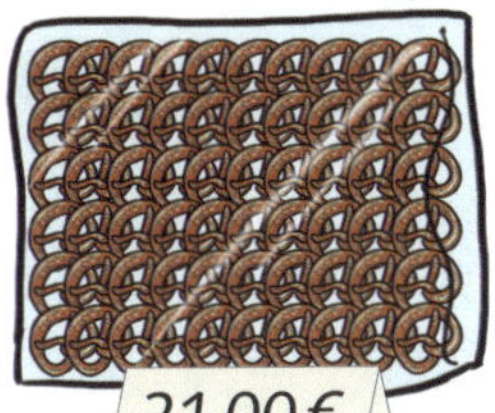

a) Trage die Preise in die Tabelle ein. Vergleiche die Preise.

	1 Stück	6 Stück	60 Stück	120 Stück
Packung 1		2,40 €		
Packung 2			21,00 €	

b) Ihr wollt 60 Brezeln kaufen. Welche Packung wählt ihr aus?

c) Ihr wollt nur 30 Brezeln kaufen. Welche Packung wählt ihr aus?

d) Wie viel muss eine Brezel auf dem Klassenfest kosten, damit ihr keinen Verlust habt? ____________

② Für euer Klassenfest möchtet ihr Mineralwasser kaufen.

a) Vergleiche die Preise.

	3 l	6 l	9 l	12 l
6 Flaschen			6,00 €	
Kasten				7,50 €

b) In der Klasse sind 25 Kinder. Wie viel Mineralwasser müsst ihr kaufen, damit jedes Kind ungefähr 0,5 Liter bekommt?

Name: Datum:

Sachrechnen mit gemischten Größen (1)

①

Eine Apfelschorle kostet ____.

Ein Obstsalat kostet ____.

②

Ein Becher Mineralwasser kostet ____.

Ein Pizzastückchen kostet ____.

③

Ein Kaugummi kostet ____.

Ein Riesenlolli kostet ____.

► SB 128

Name: Datum:

Sachrechnen mit gemischten Größen (2)

① Ordne zu. Streiche durch, was nicht passt.

Zeit

____ ____ ____ ____

Uhr, ct, ml, kg, min, sec, l, h, €

Volumen

____ ____ ____ ____

leer, voll, abends, dauert, morgens, Tag, halbvoll

② Welche Maßeinheiten passen?

a) Ein Brötchen kostet 40 ____ .

b) Ein LKW wiegt über 4 ____ .

c) Eine Tafel Schokolade wiegt 100 ____ .

d) In einem Eimer sind 5 ____ Wasser.

e) Ein Schulkind wiegt ungefähr 30 ____ .

f) In einen Esslöffel passen 10 ____ .

g) Ein Buch kostet ungefähr 5 ____ .

h) Ein Schulkind ist ungefähr 1,20 ____ groß.

i) Eine Schulstunde dauert 45 ____ .

j) Die Sommerferien sind 6 ________ lang.

k) Lisa kann 30 ____ die Luft anhalten.

l) Der Fernsehfilm beginnt 17.10 ____ .

m) Das Haus ist ungefähr 6 ____ hoch.

n) Emira läuft die 50 m in ungefähr 8,5 ____ .

o) Welche Maßeinheiten kennst du noch?

▸SB 129

Name: Datum:

Sachrechnen mit gemischten Größen (2)

Wann ... ?

Wie weit ... ?

Wie viel wiegt ... ?

Wie schwer ... ?

Wie lang ... ?

Wie lange dauert ... ?

Wie viel ... Wasser ... ?

① Stelle Fragen.

a) zur Länge:

______

______

______

b) zum Gewicht:

______

______

______

c) zur Zeit:

______

______

______

d) zum Volumen:

______

______

______

② Setze die fehlenden Wörter ein.

a) Ein Pferd ______ ungefähr 600 kg.

b) Ein Fernsehfilm ______ ungefähr 90 Minuten.

c) Ein Fahrrad ______ ungefähr 200 €.

d) Ein Sportler wirft einen Speer ungefähr 40 m ______ .

e) Eine Tür ist ungefähr 1 m ______ .

f) Ein Gummibärchen ist ungefähr 2 g ______ .

g) Ein Kirchturm ist ungefähr 100 m ______ .

h) Der Wecker klingelt. Wie ______ ist es?

► SB 129

★★

Name: Datum:

Sachrechnen: FERMI-Aufgaben

Alle Kinder der Klasse sind zusammen schwerer als ein Auto.

① Bearbeite die Aufgabe schrittweise.

Frage ______________________________

Vermuten Kreuze deine Vermutung an.

◯ Ich vermute, dass alle Kinder der Klasse zusammen schwerer sind als ein Auto.
◯ Ich vermute, dass alle Kinder der Klasse zusammen leichter sind als ein Auto.

Informationen sammeln Welche Hilfsfragen passen zur Aufgabe? Kreuze an.

◯ Wie schwer sind alle Kinder der Klasse zusammen?
◯ Wie viel wiegt ein Auto?
◯ Wie viele Kinder passen in ein Auto?

Hilfsfragen Welche Informationen musst du sammeln, damit du die Aufgabe lösen kannst? Kreuze an und sammle die Informationen.

◯ Ein Auto wiegt ungefähr ______________.
◯ Die Kinder sind im Durchschnitt ______________ groß.
◯ Ein Kind wiegt ungefähr ______________.
◯ In meiner Klasse sind ______________ Kinder.
◯ Zusammen wiegen die Kinder ungefähr ______________.
◯ Fünf Kinder wiegen zusammen ______________.

Lösung

Überprüfen Welcher Antwortsatz passt zur Aufgabe? Kreuze an und ergänze.

◯ Es passen ________ Kinder in ein Auto.
◯ Alle Kinder meiner Klasse wiegen zusammen ungefähr ________.
Das ist schwerer/leichter als ein Auto.

▸ SB 132/133

Name: Datum:

Sachrechnen: FERMI-Aufgaben

Alle Kinder der Klasse sind zusammen schwerer als ein Auto.

① Bearbeite die Aufgabe schrittweise.

Frage ______________________________

Vermuten Ich vermute, dass ______________________________

Informationen sammeln Ich sammle Informationen.

____

____

____

____

Hilfsfragen Ich finde Hilfsfragen, damit ich die Frage beantworten kann.

____

____

____

Lösung Ich zeichne oder schreibe meine Lösung auf.

Überprüfen Ich vergleiche mein Ergebnis mit meiner Vermutung und schreibe einen Antwortsatz.

____

► SB 132/133

Name: Datum:

Körpernetze

① Untersuche den Körper. Fülle die Tabelle aus.

Körper	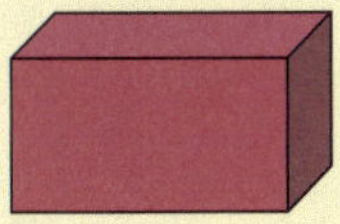 der Quader	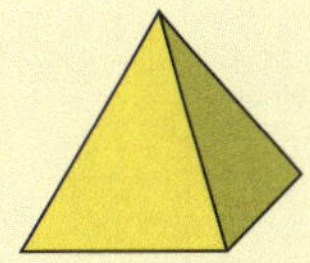 die Pyramide	 der Zylinder
Anzahl der Ecken			
Anzahl der Kanten			
Anzahl der Flächen			
Eine Verpackung mit diesem Körpernetz			

② a) Kreuze das richtige Körpernetz zur Pyramide an.

☐ 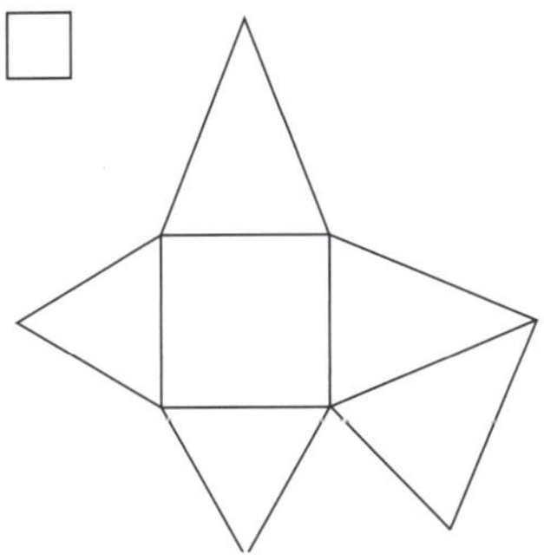

☐ 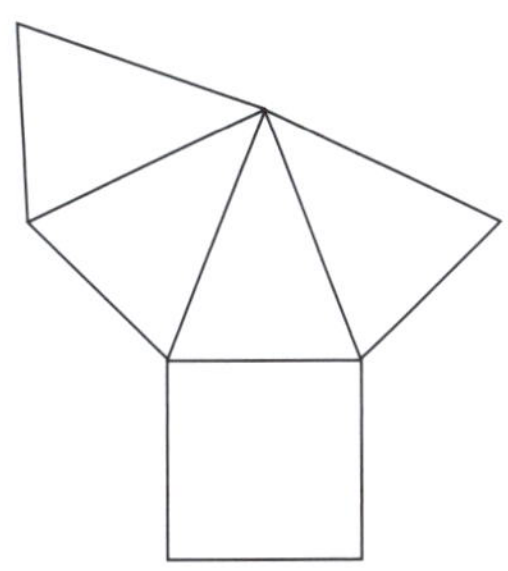

☐ 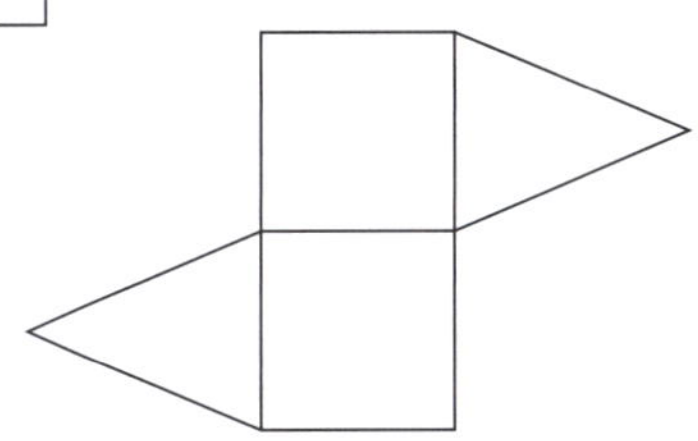

b) Aus welchen der Netze kannst du keinen Körper falten? Begründe warum.

____

____

____

③ Zeichne die  an die richtige Stelle im Würfelnetz.

a) 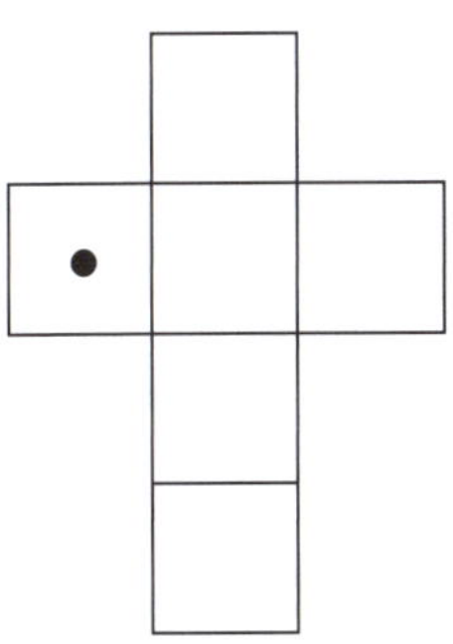

b) 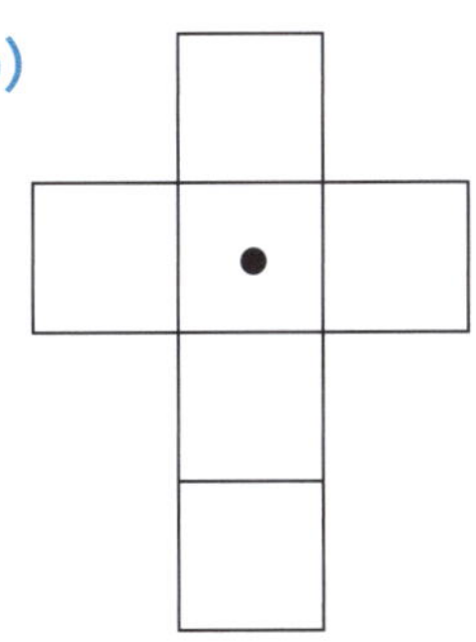

c) 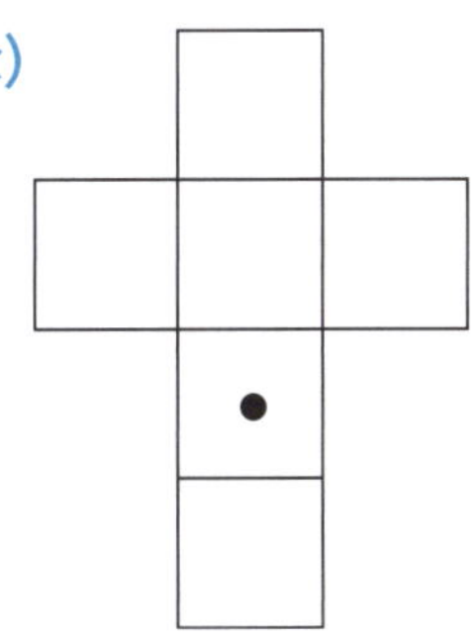

▸ SB 136/137

Name: Datum:

Körpernetze

① Zeichne die fehlenden Augenzahlen in die Würfelnetze ein.

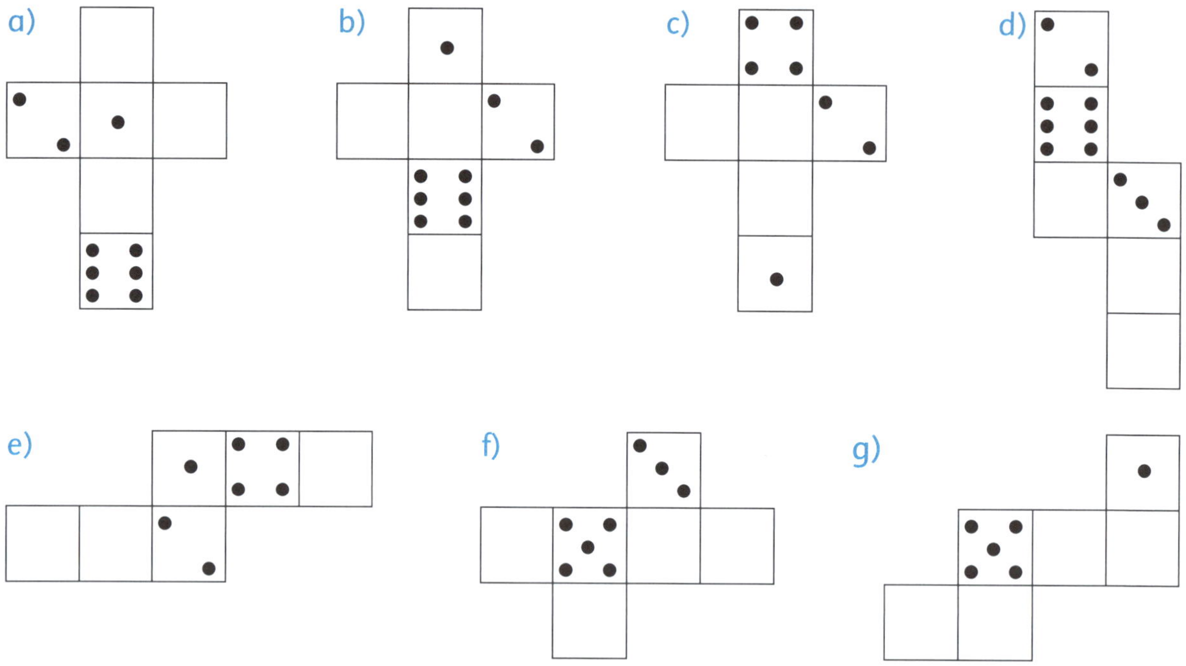

② Ordne das passende Quadernetz dem Quader zu.

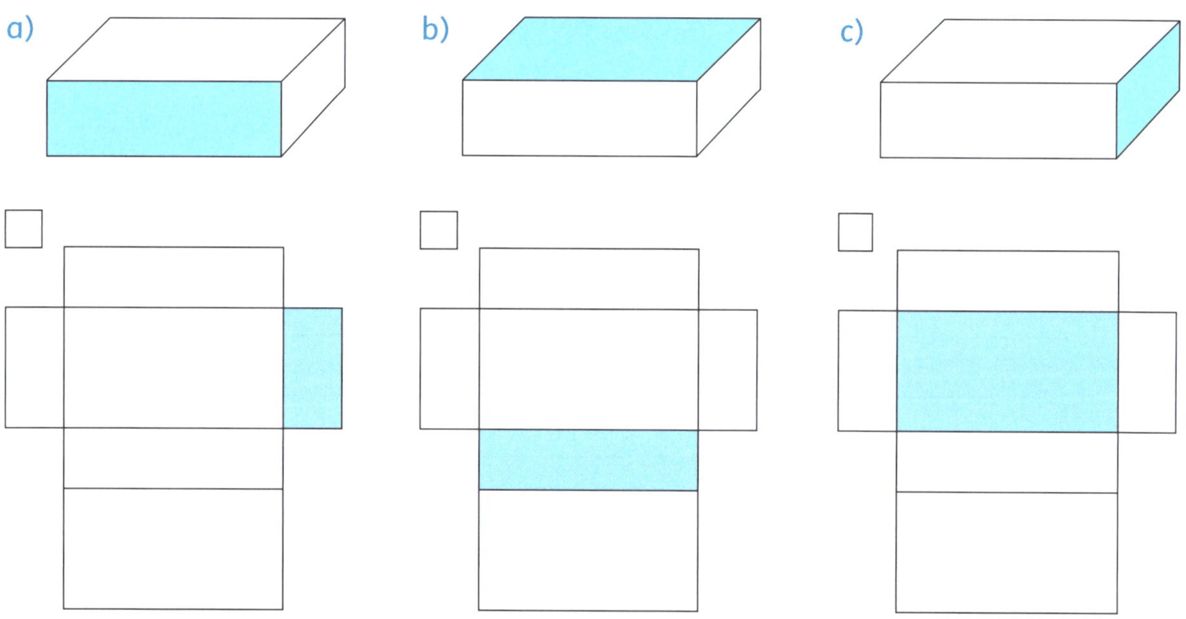

③ Ordne die Sätze einem Körper zu.

Ich habe 5 Flächen. 4 Flächen sind dreieckig. ______________________

Ich habe 6 Flächen. 2 Flächen sind quadratisch. ______________________

Ich habe 6 Flächen. Alle Flächen sind quadratisch. ______________________

► SB 136/137

Name: Datum:

Würfelgebäude (1)

① Wie viele Würfel sind es?

a)

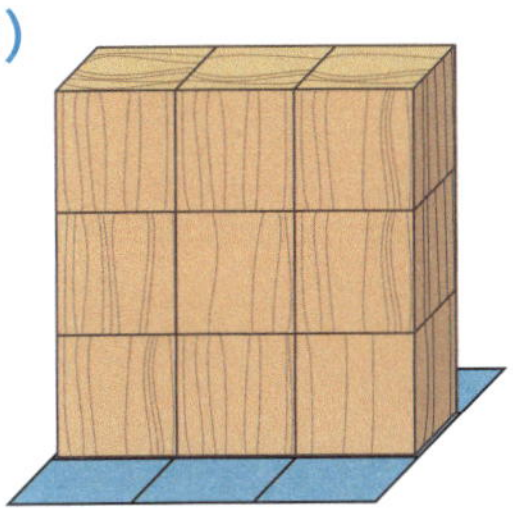

b)

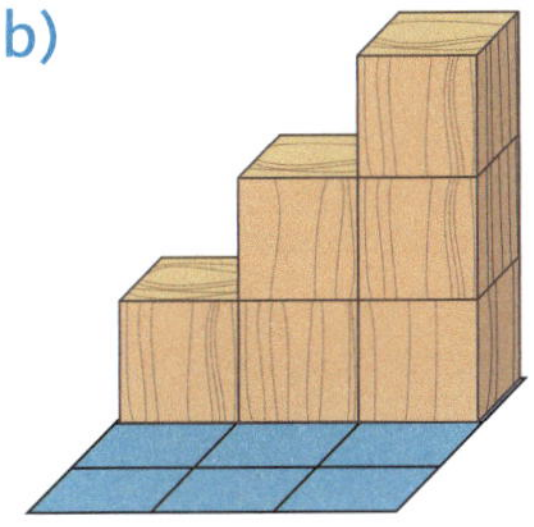

c)

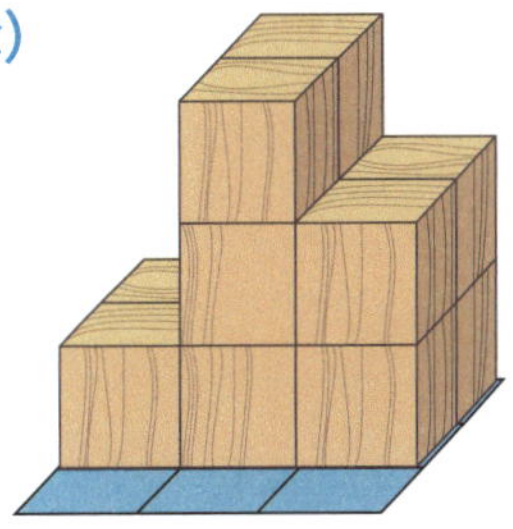

d)

e)

f)

g)

h)

② Wie viele Würfel fehlen zu einem 3-mal-3-mal-3-Würfel?

a) ____ b) ____ c) ____ d) ____

e) ____ f) ____ g) ____ h) ____

③ a)

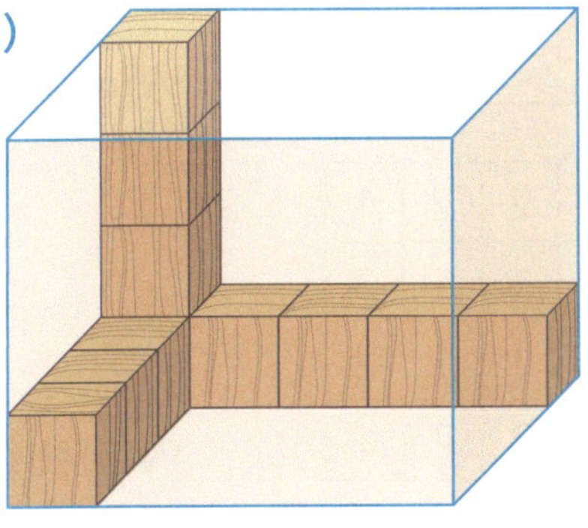

Wie viele Würfel sind in der Schachtel? ____

Wie viele Würfel fehlen? ____

Wie viele Würfel sind insgesamt in der Schachtel? ____

b)

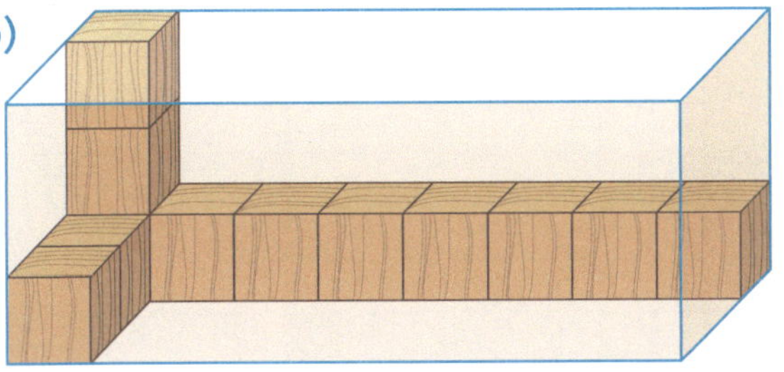

Wie viele Würfel sind in der Schachtel? ____

Wie viele Würfel fehlen? ____

Wie viele Würfel sind insgesamt in der Schachtel? ____

▸SB 138

Name: Datum:

Würfelgebäude (1)

① Ergänze zu einem Quader. Wie viele Würfel fehlen?

a)

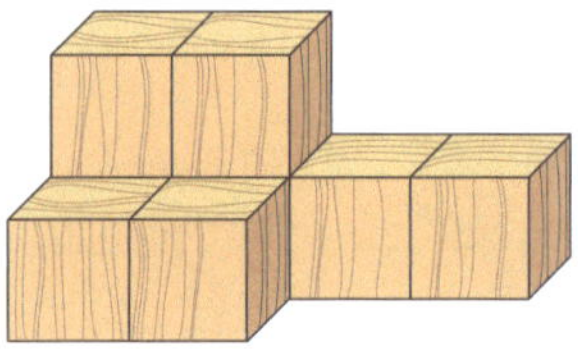

_____ Würfel fehlen.

b)

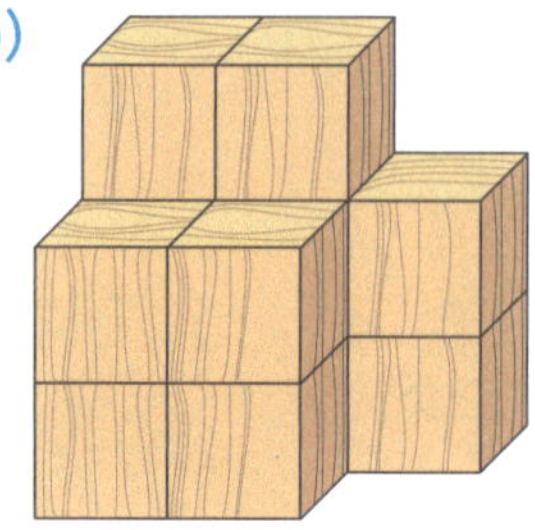

_____ Würfel fehlen.

c)

_____ Würfel fehlen.

d)

_____ Würfel fehlen.

e) Vergleiche mit einem Partner.

② Ergänze zu einem 4-mal-4-mal-4-Würfel. Wie viele Würfel fehlen?

a)

4	1	1	4
1	4	4	1
1	4	4	1
4	1	1	4

_____ Würfel fehlen.

b)

2	2	2	2
3	3	3	3
4	4	4	4
3	3	3	3

_____ Würfel fehlen.

c)

0	0	0	0
4	0	0	4
4	0	0	4
0	0	0	0

_____ Würfel fehlen.

d)

1	2	2	1
2	1	1	2
2	1	1	2
1	2	2	1

_____ Würfel fehlen.

③ Wie viele Würfel mit der Seitenlänge 1 cm passen in eine Schachtel, bei der alle Seiten 5 cm lang sind?

▸SB 138